当你的才华，

还撑不起你的野心的时候

罗健 / 著

天地出版社 | TIANDI PRESS

图书在版编目（CIP）数据

当你的才华，还撑不起你的野心的时候 / 罗健著. —成都：
天地出版社，2019.1（2019年重印）

ISBN 978-7-5455-4320-9

Ⅰ.①当… Ⅱ.①罗… Ⅲ.①成功心理—青年读物
Ⅳ.①B848.4-49

中国版本图书馆CIP数据核字（2018）第247355号

当你的才华，还撑不起你的野心的时候

DANG NI DE CAIHUA，HAI CHENG BU QI NI DE YEXIN DE SHIHOU

出 品 人	杨　政
著　者	罗　健
责任编辑	张秋红
装帧设计	思想工社
责任印制	葛红梅

出版发行	天地出版社
	（成都市槐树街2号　邮政编码：610014）
网　址	http://www.tiandiph.com
	http://www.天地出版社.com
电子邮箱	tiandicbs@vip.163.com
经　销	新华文轩出版传媒股份有限公司

印　刷	天津文林印务有限公司
版　次	2019年1月第1版
印　次	2019年7月第2次印刷
成品尺寸	145mm×210mm　1/32
印　张	8
字　数	180千
定　价	45.00元
书　号	ISBN 978-7-5455-4320-9

成功的道路上，
你需要沉下心来历练

从前，有个生麻风病的病人，病了近40年，一直躺在路旁，等人把他引到有神奇力量的水池边。但是他躺在那儿近40年，仍然没有往水池目标迈进半步。有一天，天神碰见了他，问道："先生，你要不要被医治，解除病魔？"那麻风病人说："当然要！可是人心好险恶，他们只顾自己，绝不会帮我。"天神听后，又问他："你要不要被医治？""要，当然要啦。但是等我爬过去时，水都干涸了。"天神听了那麻风病人的话后，有点生气，又问他一次："你到底要不要被医治？"他说："要！"天神回答说："好，那你现在就站起来自己走到那水池边去，不要老是找一些不能完成的理由为自己辩解。"听后，那麻风病人深感羞愧，立即站起身来，走向池水边去，用手心盛着神水喝了几口。刹那间，他那纠缠了近40年的麻风病竟然好了。

理想每个人都有，成功每个人都要。但如果今天你的理想尚未达到，成功遥不可及，你是否曾经问过自己：我为自己的理想付出了多少努力？我是不是经常找一大堆借口来为自己的失败而狡辩？

当你的才华还撑不起你的野心的时候，你就应该也只能静下心来去继续学习；当你的能力还驾驭不了你的目标的时候，你也只能沉下心来去继续历练。梦想不是喊几句口号就能成功的，而是通过沉淀和积累一步步走出来的！

机会只留给有准备和最努力的那个人！

明代思想家、军事家和心学集大成者王阳明，二十岁步入仕途，虽博学多才，但仕途不顺，三十四岁时因反对宦官刘瑾，被廷杖四十，谪贬至贵州龙场，在万山丛薄的恶劣环境里，王阳明结合历年来的遭遇，日夜反省，认识到"圣人之道，吾性自足，向之求理于事物者误也"。这就是著名的"龙场悟道"，并创立"阳明心学"，在军事上屡获奇功。成功者自有成功的道理，没有环境的考验和内心的沉淀与坚持，再有才华，终究也是"伤仲永"。

人类在生产经营活动中也经历了无数次的失败，而人类正是在经历一次次失败后，痛定思痛，认真总结经验、吸取教训，逐步走向成功，促进生产发展、推动社会进步的。没有经历过教训的人生是有缺憾的人生，没有经历过失败的成功是不完美的成功。教训和失败是人生历练不可缺少的财富。我们在学习时，不能只看到别人的成功，只学习别人成功的经验，更要看到别人的失败，从别人的失败中去总结思考出可以借鉴的东西，善于吸取教训能使我们进步得更快。

历练对人生是何等的重要。有的人身心承受住了"凤凰涅槃"般的历练，他便走向了成功；有的人无法承受，便败下阵来；而更多的人，承受住了一时的历练，也获得了一点成功，但此后便躺在舒服的安乐窝里"一劳永逸"，就此沉沦下去。生命的高度是由历练打造的，只有历练不止，成功才会在不远处等着我们！

第1章 梦想不是浮躁，而是沉淀和积累

第2章 坚持奋斗在通往野心的路上

第3章 人生再难也可以笑着面对

第4章 再努力一点点，成功自然水到渠成

第5章 渴望成功，就需自身硬

第6章 在最艰难的日子，能支撑你的只有自己

第7章 只要有目标，希望就在前方

梦想不是浮躁，
而是沉淀和积累

梦想，不是虚无的东西，要靠艰
苦的奋斗和不懈的努力才能实现。而奋
斗和努力的过程，就是实现梦想、由量
变到质变的过程。我们应该注重沉淀和
积累，用好"年轻"这个最大的资本，
将来才不会有遗憾。

人生不是不成功，
只是你还缺少历练

一天早晨，老猫带着小猫到河边去钓鱼。他们刚坐下，一只蜻蜓飞来了。蜻蜓真好玩儿，飞来飞去像架小飞机。小猫看见了，很喜欢这只蜻蜓，就放下钓鱼竿，去捉它。蜻蜓飞走了，小猫没捉着，空着手回到河边。一看，老猫钓着了一条大鱼。小猫又坐在河边钓鱼，一只蝴蝶飞来了。花蝴蝶真美丽，小猫看了真喜欢，放下钓鱼竿，又去捉蝴蝶。蝴蝶飞走了，小猫又没捉着，空着手回到河边。一看，老猫又钓了一条大鱼。小猫说："真气人，我怎么一条小鱼也钓不着？"

老猫看了看小猫，说："钓鱼就是钓鱼，不要这么三心二意的。你一会儿捉蜻蜓，一会儿捉蝴蝶，怎么能钓着鱼呢？"小猫听了老猫的话，很难为情，开始一心一意地钓鱼了。蜻蜓飞来了，蝴蝶飞来了，小猫就像没有看见一样，一步也没有离开河边。不一会儿，钓竿上的线往下沉，钓竿也动起来了，小猫使劲把钓竿往上一甩，"哎呦"，一条大鱼钓上来啦。鱼摔在地上，噼噼啪啪地乱蹦乱跳，小猫赶紧捉住这条大鱼，高兴地喊了起来："我钓到大鱼啦！我钓到大鱼啦！"老猫和小猫一起抬着大鱼回家去了。

"小猫钓鱼"的故事告诉我们，人在认真做一件事时，往往会收到事半功倍的效果，随之而来的就是收获的喜悦了。坚持到底，就是胜利。人生也是同样，贵在坚持。失败的人之所以失败，是因为坚持不够。

荀子说，"骐骥一跃，不能十步；驽马十驾，功在不舍"，也充分地说明了坚持的重要性。骏马虽然比较强壮，腿力也很强健，然而它跳一下不足十步远；相反，一匹劣马虽然不如骏马强壮，然而若它能坚持不懈地拉车走十天，照样也能走得很远，它的成功在于走个不停，也就是持之以恒。

1831年瑞典化学家萨弗斯特朗发现了元素钒。对这一重大发现，后来他在给他的朋友化学家维勒的信中这样写道："在宇宙的极光角，住着一位漂亮可爱的女神。一天，有人敲响了她的门。女神懒得动，在等第二次敲门。谁知这位来宾敲过后就走了。她急忙起身打开窗户张望：是哪个冒失鬼？啊，一定是维勒。如果维勒再敲一下，不就会见到女神了吗？过了几天又有人来敲门，一次敲不开，继续敲。女神开了门，是萨弗斯特朗。他们相晤了，钒便应运而生。"

在萨弗斯特朗之前，他的朋友维勒也曾接近于发现元素钒。但是，由于维勒没能坚持，所以最终还是未能敲开"钒女神"的大门。我们在为维勒惋惜的同时，更为萨弗斯特朗感到高兴。但是，我们更从中体会到了一种做人、做事的哲理，这就是"成功贵在坚持"。

无论遇到多少艰难险阻，有毅力的人都会努力克服。坚持是成功者的通行证，而放弃只能是失败者的墓志铭。坚持是勇往直前的奋斗，是永不言弃的执着。

人的思想是了不起的，只要专注于某项事业，就一定会创造出令自己吃惊的成绩来。我们要做到的不仅仅是"树雄心，立壮志"，更重要的是要持之以恒地去实现这些雄心壮志。

"一年之计在于春，一日之计在于晨"说的是开头或起步的重要性，我们也常常用"好的开始是成功的一半"来提醒、勉励自己，一定要开好头、起好步。但是，要获取成功，还需要好好地坚持到底。在许多的跑步比赛中，开始跑在最前面的，不一定能够夺冠，恰恰是坚持得最好的，才是冠军得主。

坚持意味着忍耐。人的一生必须通过不断地抗争才能获得一些机会，才能拥有一丝希望。机会仅仅是一种幸运，希望也最多不过是挂在高处的一盏奖杯。奖杯的设置只是一种诱惑，诱惑的目的在于激发我们显示出自己的实力。显示实力的过程，常常需要忍耐。

坚持是一种品质，需要我们去培养，而坚持的可贵之处，也正在于它可以培养我们的许多品质；坚持是一种意志，需要我们去磨炼，而坚持的可贵之处，也正在于它可以磨炼我们的许多意志；坚持是一种气质，需要我们去积累，而坚持的可贵之处，也正在于它可以积累我们的许多气质。

成功的人和失败的人，首要差别不在于天赋，而在于坚持力。强者面对失败，不会放弃，相反会坚持到达成目标为止。

跌倒了，就赶快爬起来

我们大部分人的一生都不会一帆风顺，难免会遭受挫折和不幸。但是，成功者和失败者非常重要的一个区别就是：失败者总是把挫折当成失败，从而使每次挫折都能深深打击他追求胜利的勇气；而成功者则在一次又一次挫折面前，总是对自己说"跌倒了，就赶快爬起来"！

艾柯卡本来是福特公司的总经理。他凭借自己多年的努力，获得了这个职位。可是，梦想的实现冲昏了他的头脑，他的工作开始经常出现差错。终于有一天，他被公司解雇了。在福特工作了32年，一帆风顺的艾柯卡突然间失业了，这令他痛不欲生。艾柯卡对自己失去了信心，认为自己要彻底崩溃了。就在这时，一个新的挑战出现在艾柯卡面前，他被聘到濒临破产的克莱斯勒汽车公司出任总经理。痛定思痛，艾柯卡吸取教训，开始勤勤恳恳地工作，充分发挥自己的胆识和才干。在他的

领导下，克莱斯勒公司推出了K型车的计划。这个计划
非常成功，不但令克莱斯勒汽车公司起死回生，而且使
它成为仅次于通用汽车公司、福特汽车公司的第三大汽
车公司。

艾柯卡的故事告诉我们：跌倒了是否能爬起来，往往是成与败
的关键。良好的承受失败与战胜挫折的能力和百折不挠的精神，是
成功人士不可缺少的素质。

失败和成功就像花落花开，今天花落了，明天的花会开得更娇
艳。当我们失败的时候，我们要想："太好了！我可以品尝一下跌
倒了自己爬起来的滋味，我可以锻炼自己承受失败的能力，我肯定
有机会再去体会成功的喜悦！"

吉尔·金蒙特在18岁的时候，就已经是全美国最受
喜爱、最有名气的滑雪运动员了。

当时在她心中有一个期盼了许久的目标，就是要在
奥运会上夺得金牌。于是，吉尔踌躇满志，积极地为参
加奥运会预选赛作准备，大家也都认为她一定能成功。

然而，一场悲剧使她的梦想成了泡影。在奥运会预
选赛最后一轮的比赛中，吉尔沿着大雪覆盖的山坡开始
下滑，没料到，那天的雪道特别滑，刚过几秒钟，便发
生了一场意想不到的事故——她先是身子一歪，而后就
失去控制，直冲了下去。

　　当人们在山坡下找到吉尔时，她已经昏迷过去了。人们立即把她送往医院抢救，虽然最终保住了性命，但吉尔双肩以下的身体却永久地瘫痪了。

　　吉尔认识到活着的人只有两种选择：要么奋发向上，要么灰心丧气。她下决心奋发向上，因为她对自己的能力仍然坚信不疑。吉尔很快就从失望的痛苦中摆脱了出来，她开始建立自己新的生活。

　　吉尔在加州大学洛杉矶分校选听了几门课程，因为她决心当一名教师。毕业之后，吉尔就向教育学院提出了申请，可是她既不会走路，又没受过专门的训练，系主任、学校顾问和保健医生都认为她不适宜当教师。不过，吉尔的信念就是要做一名教师，任何困难都不能动摇她的决心。在吉尔的努力争取下，洛杉矶的一个学校决定让她试一试。很快，吉尔就由于教学有方受到了学生们的喜爱。终于，吉尔获得了聘任书。不仅如此，学校为了便于吉尔的轮椅通行，还对她要走的一些坡道进行了改造。另外，学校还破除了教师一定要站着授课的规定。从此以后，吉尔一直从事着教师职业。

　　很多年过去了，吉尔并没有得到奥运会的金牌，但她得到了另一块金牌，那是为了表彰她的教学成绩而授予她的。

面对失败，吉尔·金蒙特为我们树立了一个好榜样。她在人生

的道路上，跌倒了，而且摔得很重，可是她并没有因此倒地不起，
而是很快就振作了起来。通过自己的不懈努力，现在她又重新站了
起来，同时也实现了自己的人生价值。

跌倒不一定是坏事。孩子跌倒了，父母常常会说："不要紧，
不要紧，跌得多，长得快。"每个人的成长过程，就如学习骑脚踏
车，总要跌倒好多次才能学会一样，人生跌倒也可以累积经验。世
间许多事不是一蹴而就的，都是经过多少挫折、多少次跌倒后重新
站起来，再次往前冲，才得以成功的。

不管跌得是轻还是重，只要你不愿爬起来，那你就会丧失机
会。所以，你一定要爬起来，就算爬起来又倒了下去，至少也是个
勇者，而绝不会被人当成弱者。

至于跌倒了应在哪里爬起来，有人说："在哪里跌倒，就在哪
里爬起来。"其实也不尽然，你也可在别的地方爬起来!

"在哪里跌倒，在哪里爬起来"是不逃避失败的一种态度，同
时也可以让同行的人了解"我某某某起来了"! 但你必须先确定你
走的路是对的，如果跌倒之后，发现原来是走错了路，也就是说，
你走的是一条不能发挥你的专长、不符合你性格的路，那为什么不
能在别的地方爬起来呢? 事实上，就有不少人做过很多事，最后才
找到适合他的行业。而且，只要能够成功，谁在乎你是从哪里爬起
来的呢?

让我们在逆境中重生

动物学家对生活在非洲奥兰治河两岸的动物进行考察，发现了一种奇怪的现象：生活在河东岸的羚羊与河西岸的羚羊相比，不仅繁殖能力强，而且奔跑的能力也强。这位动物学家百思不得其解。于是，他做了一项试验：从河的两岸各捉10只羚羊，彼此交换。一年后，送到西岸的羚羊繁殖到了14只，而送到东岸的羚羊仅剩下3只，其余的都成了狼的囊中物。

东岸的羚羊之所以强健，是因为它们附近生活着一群狼，处在逆境中，它们为了活命，必须同狼进行"竞争"，因此它们越活越有战斗力；而西岸的羚羊则恰恰相反，它们缺少天敌，没有生存能力，所以越活越弱小。

可见，身处逆境，如果没有竞争，就没有生存，也就没有发展。其实人生到处都存在着竞争，如赛场、官场、战场、考场等等，有竞争才有压力和动力。竞争能让人奋起直追，不断超越自我，成就辉煌的人生。竞争并不是苦难的根源，竞争是一种绝地重生的希望。只有敢于雕琢自己的人才会有勇气迎接命运的挑战，成为时代的宠儿，造就自己魅力的人生。

　　两块石头朝夕相对地在一起。一天，其中的一块石头对另一块石头说："去经一经路途的艰险坎坷和世事的磕磕碰碰吧，能够搏一搏，才不枉来此世一遭。""不，何苦呢？"另一块石头嗤之以鼻，"安坐高处一览众山小，周围花团锦簇，谁会那么愚蠢地在享乐和磨难之间选择后者？再说，那路途的艰险会让我粉身碎骨的。"

　　于是第一块石头随山溪滚涌而下历尽了风雨和大自然的磨难，它依然执着地在自己的路途上奔波。另一块石头讥讽地笑了，它在高山上享受着安逸和幸福，享受着周围花草簇拥的畅意抒怀。

　　许多年以后，饱经风霜、历尽尘世千锤百炼的第一块石头和它的家族已经成了世间的珍品、石艺的奇迹，被千万人赞美称颂。第二块石头知道后，有些后悔当初，现在它想投入到世间风尘的洗礼中，然后得到像第一块石头那样的成功和高贵，可是一想到要经历那么多坎坷和磨难，甚至伤痕累累，还有粉身碎骨的危险，它便退缩了。

　　一天，人们为了更好地珍存那石艺，准备修建一座精美别致、气势雄伟的博物馆，建造材料全部用石头。

于是，他们来到高山上，把第二块石头粉了身，碎了骨，给第一块石头盖起了房子。

"生于忧患，死于安乐。"如果说丰富多彩的大自然都有着如此深奥的道理，那么纷繁复杂的人类社会就更能证明这一句名言的正确性。苦难纵然使人痛苦，但也催人奋进。我们应该淡定地面对苦难，从容地擦去泪水，之后最大限度地发挥自己的潜能，从而成就辉煌的人生。

"志当存高远"这是一句千古流传的名言。志向远大，才能克服眼前的困难和自身的弱点。人生有了志向，就会有一股无论顺境、逆境都勇往直前的动力。

明朝宰相张居正从小聪明过人，13岁参加乡试的试卷令考官拍案叫绝，时任湖广巡抚的顾玉麟却建议让张居正落第。他解释说："居正年少好学，吾观其文才志向，是个将相之才，如过早让他发达，易叫他自满，断送了他的上进心。如果让他落第，虽则迟了3年，但能够使他看到自己的不足而更加清醒，促其发愤图强。"这位巡抚的远见的确令人折服。后来张居正果然成为中兴明朝的杰出政治家，他在险恶的环境中坚持革新政治，有一种不达目的不罢休的坚韧精神。这不能不说与他少年"落第"的逆境有关。

　　暴雨突然来临，鸟儿都飞回巢穴保护自己的孩子。老乌鸦也返回巢中，却将羽翼尚未丰满的小乌鸦赶出巢穴。小乌鸦扑棱着翅膀艰难而归，老乌鸦却再次将它赶出。雨中的小乌鸦满是惊悸，哀鸣而归，但还是被赶出去了。终于，小乌鸦在绝望中向林中飞去，寻找可以栖身的地方。不久，林中的上空飞翔着一只勇士——小乌鸦，它在老乌鸦的逼迫下，从逆境中成长起来。

　　树木受过伤的部位，往往会变得最硬。人才成长也一样，经历逆境的伤痛和苦难之后，能磨砺出优良的个性。当你面对苦难重重的逆境时，不要彷徨，不要犹豫，请正视它：它将是你人生不竭动力的源泉，会逼你超越自我，成就非凡的人生。

人生就是不断地努力

一位武林高手跪在武学宗师的面前，接受得来不易的黑带的仪式。这个徒弟经过多年的严格训练，在武林中终于出人头地。"在授予你黑带之前，你必须接受一个考验。"武学宗师说。"我准备好了。"徒弟答道。他以为所谓的考验可能是最后一个回合的练拳。

"你必须回答最基本的问题：黑带的真正含义是什么？""是我习武的结束。"徒弟说，"是我辛苦练功应该得到的奖励。"武学宗师等待着他再说些什么，显然他不满意徒弟的回答。最后他开口了："你还没有到拿黑带的时候，一年后再来。"

一年后，徒弟再度跪在宗师的面前。"黑带的真正含义是什么？"宗师问。"是本门武学中最杰出和最高荣誉的象征。"徒弟说。武学宗师等啊等，过了好几分钟，徒弟还是不说话，显然他又很不满意。最后他说道："你仍然没有到拿黑带的时候，一年以后再来。"

　　一年以后，徒弟又跪在宗师的面前。宗师又问：
"黑带的真正含义是什么？""黑带代表开始——代
表无休止的磨炼、奋斗和追求更高标准的历程的起
点。""好，你可以接受黑带开始奋斗了。"

　　由此可见，只有经历艰苦的磨炼，才能追求到更高的目标。只
要我们坚定信念，始终如一，所有的成功与失败便都是追梦途中的
一朵不起眼的浪花。

　　我们不会为一次失败而一蹶不振，也不会为一次成功而沾沾自
喜。成功了，淡然视之，制定新的目标并为之继续努力；失败了，
泰然处之，认真吸取教训，总结经验，用百倍的信心和勇气去克
服，加倍努力。因为我们始终如一，相信着自己，生命不息，奋斗
不止。

　　有一个寓言故事说，上帝为人类垂下一根上天的绳索，有的人
看后走了，因为他们不相信这是事实；有些人曾试着往上爬，但爬
得不高就掉下来了，他们揉揉摔痛的屁股走了，从此再也不抬头看
一下天空；只有少数人执着一念，奋力向上爬，终于爬上了天。天
上的绳子从来都在为真正有梦想且努力的人预备着。

　　有梦想相伴的人是幸运也是幸福的，有理想做伴的人不会孤
单。既然风帆已经扬起，就注定要驶向有风浪的大海，去验证青春
的信念；既然人生的道路已经选定，就只有勇往直前地跋涉，去努
力证明自己青春的能量；既然坚信世界属于我们，便要热烈地拥
抱生活，去展现青春的活力与魅力。人生的美丽不仅仅是最后那完
美的结局，更多的是它蕴含在了奋斗的每一个过程中。

一位大学生刚刚参加工作，领班要求他在限定的时间内登上几十米高的钻井架，将一个小盒子交给主管。他费了很大的力气爬上了钻井架，主管签完字让他再送下去交给领班，领班签完字让他再交给主管。几次反复，大学生愤怒了。当他第三次又登上几十米的高台时，主管傲慢地说："把盒子打开。"他撕开外面的包装纸，打开盒子，里面竟是两盒茶叶。他抬起头，愤怒地盯着主管。主管对他说："把茶叶泡上。"大学生再也忍不住了，狠狠地将盒子扔在地上说："我不干了。"这时，主管站起来说："刚才让你做的这些叫作承受极限训练，因为我们在海上作业，随时都会遇到危险，所以要求每个人都要有极强的承受力。可惜，只差最后一点点，你没有通过考验，现在你可以走了。"

是啊，经历了这么多磨难，就因为不能再坚持一下，最终功亏一篑，我们有时又何曾不是这样呢？

相信自己，过好每一天，过程比结果更重要，投入到每一件事情中试验自己的能力，把困难视为挑战，奋斗不止。人生是一场战斗，只有那些不断努力的人，才能够真正实现其人生价值。

人生只是短暂的一瞬，生命的弓弦应该是紧绷不松的。生命不息，奋斗不止，应该是每个人生存的原则。战胜了惰性，便是战胜了自己，而后才会拥有成功与幸福。

失败是强者走向
下一个成功的起点

追求成功的过程往往不是一帆风顺的。在人生奋斗的征途中，失败常常与人为伴。起点，往往是一件事情成功的基础。失败，也许有人认为它已经是一个终点，其实那是强者的起点。

一个人成功后，并不等于永远的成功、一生的成功。我们需要用成功后的起点来督促自己，还要知道成功背后隐藏的往往是失败，起点背后隐藏的往往是成功，只有把握住起点才能成为生活的强者，才能把握住成功。强者总是不言失败，而是"屡败屡战"，最终取得成功。反之，如果有人一遇到困难便中途退却，一遭遇挫折就灰心丧气，轻易放弃自己的追求，那他距离成功就会越来越远。

在一次别开生面的人才招聘会上，A君以其绝对的实力闯过了5关，不知最后一关会是什么。A君在揣摩着。而同是某名牌大学毕业的B君则有两关是勉强通过的。

此时，他们都在等待着那第6关考题的公布，因为两个当中只能选一个。现在看来，A君入选是无疑了。大家都向他投去赞赏的目光。主持者在片刻的有些令人窒息的"冷场"之后开始宣布：A君被录取，B君另谋高就。宣布完后，A君兴奋地站起来，抑制不住心中的激动之情带头为自己鼓掌。这时，B君不卑不亢地起身微笑着说："哦，正可谓人各有志不可强求，选择人才是择优录取，更何况每个单位都有它用人的标准和尺度，每个人都要求找到而且也一定会找到适合自己的位置。好了，再见。"

"B先生请留步！"主持者面带欣喜起身走向B君，"B先生，你被录取了。"接着，主持者向大会郑重宣布："成功与失败本是两个相互依存的概念，是相对而存在的，应该是平等的，如果把任何一方看得过重，这个天平就要失衡。在这个世上生存或是发展，我们不能只美慕成功者的辉煌，而应更看重能镇定自若面对失败的人。因为，每一个成功实际上是以许多人的失败为起点的，连在起点上都坚持不住的人，何谈以后的漫漫长途呢？"全场响起热烈的掌声。

人都追求成功，惧怕失败，崇尚成功，指责失败，但谁也避免不了失败。古今中外，大凡成功者都经历过失败，可贵的是他们有勇气、有能力从失败中重新站起，正确地面对失败。失败是人生最好的熔炉。在失败中，人的知识、理智、意志、品格、心理等各种素质才能接受真正的检验。实际上，人的许多优秀品质，大都是在失败中磨炼形成的。

经常的成功不一定能锻造一个人蓬勃向上的意志，但失败却往往可以造就一个从逆境和波折中走向成功的人。完全彻底的失败是没有的，只是我们常常不能理智地面对失败。失败是一种动力，它能催人上进，激发人的斗志。每一次的失败，都能迫使失败者重新选择前进的道路。失败一回就成功一次，失败是强者的起点、弱者的终点。

1982年，对于聂卫平来说，是很不幸的一年。3月，在北京举行的全国比赛中，他败给了邵震中，丢掉了决赛权，退居第四名；7月，他又败给了马晓春、刘小光，丢掉了"国手战"冠军；8月，在承德举行的"避暑山庄杯"赛中，他又名落孙山。由于聂卫平的接连失利，围棋评论界已有人预言："聂卫平时代将要过去。"

那么，聂卫平又是怎样面对失败的呢？聂卫平在他的自传《我的围棋之路》中曾有过一段十分坦诚的表白：我是不大会因失败而垂头丧气的，而是每输一盘棋，就想方设法去赢回10盘来，不但现在是这样，以前水平不高的时候也是这样，在被陈祖德、吴松笙让三子时，每次输棋，我都憋足了劲，要在下一次赢回来。

在个人的失利面前，聂卫平总是表现出一种不屈不挠的拼搏精神，那么在中国围棋大大落后于日本围棋这个客观事实面前，他又是怎样对待的呢？在回答一位读者的采访时，聂卫平曾说过这样一段话：1973年以阪田荣男为团长的日本访华代表团，竟把我们杀得狼狈不堪。当时，对于绝大多数中国棋手来说，曾获得过几十个大小棋战冠军头衔的阪田荣男，简直就如一尊棋界的战神，至于说要战胜他，更是许多人想都不敢想的事，虽然那时我连上场和阪田荣男交手的机会都没有，但看着比赛中的阪田荣男穿着拖鞋，悠闲地在赛场内来回巡视的状态，看着他漫不经心略微扫一眼棋盘就随手丢下一子的傲然举动，看着与他对阵的中国棋手对此只有抱头苦思的情景，我便感到有一种说不出的压抑。尽管凭资历、声望、实力，阪田荣男有这种表现也无可指责，但是我相信当时有志气的中国棋手都会觉得脸上无光。也许就从那时起，我心中的目标突然变得明确了：努力奋斗，一定要战胜日本最强棋手，打败日本的冠军。

是的，聂卫平就是凭着这股不甘失败的精神而成为超一流的棋手的。

人生一世，难免失败，唯有坚韧不拔，才能使我们战胜危机，走出困境。灰心消沉无助于我们改变生活，而只会使处境变得更糟。在聂卫平的身上我们已经看到：成功者的身后总是拖着长长的

失误和挫折的阴影，但他们并没有被失败的镣铐锁住，而是振作精
神，寻找新的机会，重新开始踏上新的征途。

学会在失败中成长

古希腊哲学家赫拉克利特认为，"人不能两次踏入同一条河流"。一切事物都是发展变化的，我们必须用发展的观点看问题，昨天成功的经验常常成为今天失败的教训。因此，我们在学习时，不能只看到别人的成功，只学习别人成功的经验，还要看到别人的失败，从别人的失败中去总结思考出可以借鉴的东西，善于吸取教训能使我们进步得更快。

伟人之所以是伟人，就是因为他们经历了比我们更多的失败，并从中吸取经验教训，最终一步步走向成功。

有一个步行的人，因为路不平摔了一跤。他爬起来，可没走几步，一不小心又摔了一跤，于是他便趴在地上不再起来了。

有人问他："你怎么不爬起来继续走呢？"这人说："既然爬起来还会跌倒，我干吗还要起来，不如就这样趴着，就不会再被摔了。"

从失败中学习，这点非常重要。若能如此，就不会再犯同样的错误，更不会失去迈向成功的信心。日本学者戴斯雷里曾说："没有比逆境更有价值的教育。"如果把失败弃之不顾，不加反省就意志消沉，那么即使开始下一项工作也不会收到好的效果。遇到失败，若只是简单地以"跟不上人家"为借口，就不会有任何进步；没有在失败中学习的精神，便永远得不到成长。而且，只有在失败中，我们才能更好地找到所要学习的东西。

成功固然有方法，失败必然有原因。一个人在追求成功的同时，免不了会遭遇到许许多多的挫折和失败。曾经努力地去奋斗但结果却失败了，这也许是人生的最大悲剧。除了少数的成功者之外，绝大多数人都遭受过失败或正在失败。面对失败，我们除了要对自己所选择的目标有强烈的信心、坚韧不拔的毅力外，还必须对失败的原因加以分析、总结，只有这样，才能避免下次重蹈覆辙。

相对于失败而言，成功总是更能获得人们的尊敬和认可，也会拥有更多的鲜花和掌声。但若就其价值而言，失败的经验可能会比成功的经验更有价值、更为宝贵。所以，我们应该从失败中吸取教训，把失败变为成功的垫脚石，而不应该在失败面前变得怯懦不前。如果能在失败面前鼓起勇气与信心，踏着失败的漩涡，勇敢地走下去，必定会迈向成功的彼岸。失败是人生难得的艺术，成功的人不但善用失败，而且会让失败变得与众不同，从而帮助自己取得成功。

实现梦想，只需向前多迈一步

　　一天，一个普通的村庄里来了一位开着轿车的客人，他从车里走出来后对前来迎接的村长说："请把你们村的村民都叫出来吧。"村长随即把村里老老少少全叫了出来。那个人接着说道："你们中间有谁会唱歌的请向前迈一步！"村子里没有一个人有胆量向前迈一步，连平常唱歌唱得最好的人都没敢站出来。这时，一个十六七岁的小女孩向前迈了一步，说："我会唱！"那个人说："那你唱唱看！"女孩清了清嗓子，没有丝毫害怕的神情，五音不全地唱完了那首歌。客人听完后，说："行，就你了！"

　　村里的外来人就是大名鼎鼎的张艺谋导演，而那个唱歌的女孩就是电影《一个都不能少》中扮演那位很有责任心的老师的人。这部电影也因为有这样质朴的演员而获得了成功。

只有勇敢地向前多迈一步，才能实现属于自己的梦想。整个村子
的人只有她一个人向前迈了一步，因此，她找到了施展自己的机会；
也只有她一个人，勇敢地迈出了第一步，走向了属于自己的成功。一
个人要从被动的"向前迈一步"到自己主动地"向前迈了一步"，这
需要足够的自信和勇气！可见，成功不是坐享其成的等待，而是自己
努力争取的，成功是一步步走出来的。

潘伯顿是美国亚特兰大的一个药剂师，他开了一
家药店，平常的工作主要就是配一些药剂。一天，他
突发奇想，能不能研制一种可以让人提神的药，例如
用传说中可以提神的桉树叶作为材料，然后配一些其
他的药品。

一天，一位患头痛的病人前来他的药店看病，潘伯
顿让店员取他配置好的药给病人。可是店员在给病人配
药时，误将苏打冲入了药瓶，店员当时并没有在意，潘伯
顿也没有发现。直到病人服用后，潘伯顿才发现苏打水被
店员冲进了药里，潘伯顿大惊失色。但结果并没有那么糟
糕，病人的头痛症状减轻了许多，且无不良反应。

潘伯顿从中受到了启发，他把平时治疗头痛的药和
苏打水兑在一起，进行了多次试验，最后发现这种混合
液体虽然刚喝起来有些刺激，可是回味无穷，而且能够
提神，也不会产生任何副作用。于是，他又配了许多这
种药推荐给患者，结果很受欢迎。一时间，喝由潘伯顿

配的这种药成了时尚。

　　一个饮料商听说了潘伯顿的发明，于是找到他并买下了这个配方。这个饮料商将配料进一步开发，研究出了一种适合大众的饮料，这就是畅销全球的可口可乐。

潘伯顿没有想到自己最初研究的药品能成为风靡全世界的饮料，这不仅出乎当事人的意料，更让所有的人吃惊。潘伯顿在医药方面算是成功的，但是跟饮料商相比，还是离成功远了一步。如果当时他向前迈出一步，或许他就是饮料行业的龙头老大了。

成功的机遇是平等的，抓不住的人体会不到成功的喜悦，而成功者能取得成功只是由于他向前多迈了一步。

　　一位德国工人，他平日里在工厂的工作就是专门负责书写纸的配方。一次，他生病了，模糊中将配方弄错了，结果在生产书写纸时，生产出了一大批废纸，他被公司解雇了。

　　他拿着废纸，一筹莫展地走在大街上，突然吹来一阵风，将他手中的这些废纸吹进了旁边的水里，他无意识地捡起这些废纸后，突然发现这些废纸吸水性很好。他灵机一动，将这些废纸切成小块，取名为"吸水纸"在市场上出售，这种纸得到很多人的喜欢，在市面上销售得很好，很多人都是慕名前来购买。等他把这些废纸切成小块卖完的时候，他发现这样卖下来竟比书写纸价格高了好几倍。

这位工人看到这一情景，感觉很兴奋，他去申请了专利，专门生产这种纸来卖，结果没几个月，这个已经失业的德国工人竟成了百万富翁。

失误有时是不可避免的，没有人能置身事外。但是，失误也可以转化为成功，关键在于处理的态度和思维方式。如果有独辟蹊径的眼光和方法，那就已经按响了成功的门铃。这时，只需再向前走一步，就可以跨进成功的门槛。

梦想不会额外地眷顾某一个人，只有那些勇于迈步的人才能有机会接触梦想。人生的每一步都很重要，尽管在当时看来没有任何的作用，但只要坚持，努力向前走，那么实现梦想便是指日可待的事情。

第 2 章

坚持奋斗在
通往野心的路上

任何成功都是建立在辛勤奋斗的基础上的，这是生活的常规原理，也是我们必须遵循的法则。天上不会掉馅饼的，只有用汗水换来的成果，才属于自己。投机取巧能赢得一时的愉悦，但那只是昙花一现，不会长久。只有努力奋斗，才能打造属于自己的理想蓝图，一分付出，一分成果，奋斗是成功的基石。

勇于行动方能筑路未来

有一天，龙虾与寄居蟹在深海中相遇，寄居蟹看见龙虾正把自己的硬壳脱掉，只露出娇嫩的身躯。寄居蟹非常紧张地说："龙虾，你怎么可以把唯一保护自己身躯的硬壳也放弃呢？难道你不怕有大鱼一口把你吃掉吗？现在，就是连急流也会把你冲到岩石上去摔死的。"

龙虾淡定地回答："我们龙虾每次成长，都必须先脱掉旧壳，才能生长出更坚固的外壳，现在面对的危险，只是为了将来发展得更好而作准备。"寄居蟹陷入了沉思，自己整天只找可以避居的地方，而从没有想过如何使自己成长得更强壮些。每天都活在别人的庇护之下，难怪会限制了自己的发展。

每个人都有一定的安全区，如果你想跨越自己目前的成就，就请不要划地自限，而是要积极开拓进取，勇于行动，充实自我。不开拓进取，不行动，就不会成功。

正是由于无数的开拓者敢于冒险，不怕牺牲，勇于行动，人类才有了现在日新月异的发展。如果没有富兰克林冒着触电身亡的危险，在雷电交加的天气里做放风筝的实验，也就不可能将雷电和上帝分家；如果没有莱特兄弟冒险飞行，也就不会有今天我们的太空遨游。人们要想在事业上取得成功，没有一点儿开拓进取和勇于行动的实干精神是绝对不可能的。

凡是在事业上取得成就的人总是在同自满和懈怠进行着锲而不舍的斗争，不断地在自己取得成绩之后给自己提出更高的标准和更高的奋斗目标，努力进取，争取取得更大的成绩。

1987年3月12日下午，年仅14岁的美国少年游泳队运动员、加利福尼亚州一所中学八年级的学生张士柏，怀着"今天——训练场；明天——奥运会，为炎黄子孙争光"的雄心壮志，进行赛前最后一次训练。

但就在这时，意外发生了：他由于起跳过猛，头部触及池底，造成颈椎骨断裂，经过72小时的抢救、观察，医生终于在最残酷的诊断书上签了字：他已经高位截瘫，再也不可能站起来了。14岁，这正是人生憧憬五彩理想的年华，要一个在各科学业和武术、网球、游泳、跳水等方面都才华出众的少年，突然面对这沉重的打击，是多么难啊！张士柏不断地轻声问自己："今后该怎么办？"从小意志坚强的他想起了残疾人中的那些英雄，他告诉自己要勇于接受命运的挑战，使生命之花重放异彩。于是，他对身边的亲人、医生、护士说："你们放心吧，我不会自暴自弃。"

从此，他以惊人的毅力，忍着剧痛，按照医生的要求坚持锻炼、学习。起初，他读书只能用嘴一页一页地翻；写字，只能用一支特制的笔，套在手腕上，依靠还能稍稍活动的大臂，带动小臂和手一笔一笔艰难地写。为了不让大臂的肌肉再萎缩，他让家人把一个特制的哑铃系在手臂上，一下一下地举。经过反复地练习，他现在终于能自己推动轮椅，操作计算机也能每分钟击键25次了。由于胸部以下的皮肤不能排汗，他每天都严格按照医生的喝水要求调节体温，早上和中午各100毫升，晚上625毫升。

就这样，他在病床上学完了八年级最后三个月的课程，当年9月升入高中。四年高中的课程，他又以全校第一的优异成绩提前一年毕业，并荣获美国前总统布什签名颁发的"学业成绩奖"。他被斯坦福大学、哈佛大学、宾夕法尼亚大学和加州伯克利大学同时录取。

熟悉美国大学教学方法的人都知道：教师通常只在课堂上做简单的提示和答问，然后就布置大量的书目让学生在课下自己阅读和写论文。这对张士柏而言，是多么艰难。但是，他不仅出色地完成了专业学习，在大学里他还一年学完了两年的课程，最后获得"东方经济专业"博士学位。此外，他还刻苦学习中文，通读了《红楼梦》《水浒传》《西游记》等古典名著。他还把父母赠与他的生活保障费20万美元，捐献给他的故乡——宁波北仑，作为奖学基金。现在，广受英语爱好者欢迎的广播节目"张士柏英语网"，就是他在自己事业中的一个突破。

每个人成长过程中总会遇到这样或那样的困难与挫折，但只要他具备了开拓进取的品质，即使他是一个残疾人，他也可以成为一个真正完美的人；每个人总是期待拥有成功，但只有具备了开拓进取品质的人，才能成为一个可以为社会作出贡献的成功者。所以，开拓进取精神，是一种可贵的心理品质。

当然，作为开拓进取的必备条件，胆识也是十分重要的。识，就是见识；胆，就是胆略。有识，必须以丰富的知识做基础。卓识从来不是凭空而来的，一个伟大学说的建立，是众多的智者世代努力的结果。如果对前人的研究成果知之甚少，必然不会有超群的卓识。有胆，才能在纷繁复杂的事物中有勇气和智谋，如诺贝尔在研制炸药的过程中，胆大心细，不惧危险，终于取得了成功。可见，凡是在事业上取得成功的人，都是才华超群又具远见卓识的智者，同时还是胆略过人且能激流勇进的勇士。

在困苦的遭遇里坚强

有人问一位智者："请问，怎样才能成功呢？"
智者笑笑，递给他一颗花生："用力捏捏它。"那人
用力一捏，花生壳碎了，只留下花生仁。"再搓搓
它。"智者说。那人又照着做了，红色的种皮被搓掉
了，只留下白白的果实。"再用手捏它。"智者说。
那人用力捏着，却怎么也没法把它毁坏。"再用手搓
搓它。"智者说。当然，什么也搓不下来。"虽然屡
遭挫折，却有一颗坚强而百折不挠的心，这就是成功
的秘密。"智者说。

每个人的成功都是不同的，也许他们成功的秘密也是不尽相
同的。但是，在每一个人的成功里，都有着一颗坚强而百折不挠的
心。面对你想要的结果，你不止要付出行动，更重要的是，在这条
路上，当你面临困难险阻、面对若干次失败的考验的时候，你能否
坚持下去，会不会选择退缩，被困难吓倒。

有一个人，22岁做生意失败。23岁竞选州议员失败。24岁重操旧业继续做生意，又赔得一无所有。26岁时他的情人不幸死去。27岁他精神几乎崩溃，差点儿住进疯人院。29岁时他竞选州议员再次失败。31岁时竞选国会议员失败。39岁时竞选国会议员再次失收。49岁时竞选参议员再次失败。然而，这个人在51岁那年竞选总统时成功，成为美国历史上与华盛顿齐名的最伟大的总统，这个人就是亚伯拉罕·林肯。

"百折不挠"，看似简单的四个字，但生活中能真正做到这一点的人却少之又少，有些人虽然刚开始信心百倍，但经受过几次失败的打击之后，就乖乖地选择了放弃。其实，百折不挠，才是成功的秘密。

面对挫折，心胸开阔、意志坚定、充满必胜信念的人能够向挫折挑战，百折不挠，直至胜利。培根说："奇迹多是在厄运中出现的。"贝弗里奇认为："人们最出色的工作往往是在处于逆境的情况下作出的。"

周杰伦3岁的时候，就表现出惊人的音乐天赋。母亲拿出多年的积蓄为他买了架钢琴，教他弹得一手好钢琴。在读高中的时候，他就成了学校的"知名人物"。也就是从那时起，他确立了自己的音乐梦想。

高中毕业后，他没有考上大学，不得不到一家餐厅里当服务生。由于地位卑微，他稍不留神就会遭到老板无情的训斥。有一次，他不小心烫伤了另一位女服务员的手。老板一生气，竟罚了他半个月的工资。即使在这样艰辛的打工生活里，他一刻也没有忘记自己的音乐梦想。他几乎把所有的工资都用在了买音乐资料上，在业余时间，他一刻不停地积累着自己的音乐"资本"。后来，餐厅配备了钢琴。一连换了几位琴师，老板都不满意。出于对音乐的爱好，他瞅着一个没人的时机，忍不住上去弹了一曲。不料，这事被老板知道了。老板让他弹奏一曲，竟发现他的琴声正合自己的口味。

于是，在人们惊异的目光中，他当上了钢琴师。经人介绍，他很快获得了一个演出伴奏的机会。他感到自己的机会就要来了，精神抖擞地投入伴奏。但事与愿违，他的伴奏音乐与歌手的歌声很不和谐，舞台下嘘声四起。那一次，他彻底演砸了。他伤心至极，但并没有灰心丧气。

不久，那家请他去伴奏的公司的老板发现他很有音乐天赋，请他去专职写歌。他高高兴兴去上任，却发现自己的职务竟是"音乐制作助理"。这是一个除了写歌什么杂事都得做的工作，但他二话没说就留了下来，因为跟餐厅相比，这里至少有音乐的环境。过了一段时间，老板终于给他配了办公室，让他专职写歌。总算找到了可以放飞梦想的舞台，他压抑已久的创作欲望喷薄而出，创作出大量的歌曲。然而这些歌曲，老板一首也没有看上。在老板看来，他的音乐天赋很好，可曲子写得怪怪的，不讨人喜欢。巨大的失落感笼罩着他，有那么一瞬间他想到了放弃。但很快，他就把这个念头否定了，因为如果现在放弃，就等于放弃了自己多年的梦想。

他绝不放弃。一连七天，他每天都创作一首歌。每天早晨上班之前，老板准能见到他的一首新歌。终于，老板感动了，答应向明星推荐他的歌曲。但是，公司一连几次向明星推荐他的作品都被对方拒绝了。一次次的失败，把他打入了痛苦的深渊，但他始终不肯放弃自己的音乐梦想。终于有一天，老板把他叫来，对他说："如果你能在10天内写出50首歌，我就从中挑出10首，为你出唱片专辑。"他感到自己简直就是在做梦，当明白这是事实时，他激动得说不出话来。这次，他要拼了。他一头钻进创作室，任由激情迸发，一首接一首地创作。饿了就泡包方便面，困了就倒头睡一会儿。近乎疯狂的10天过去了，他竟然创作出了50首新作品。

半年之后，他的第一张专辑一经上市就获得了巨大的成功，被歌迷抢购一空。从此，他一发而不可收。在第八届全球华语音乐榜中榜评选中，他被评为"最受欢迎的男歌手"。

　　回首走过的路，周杰伦不胜唏嘘："当幸运之神还未降临的时候，请不要着急，要耐心等待，并非你不是天才，而是时间还未到，我为这一天，努力20年，在此期间，我从来不曾放弃。"

　　与周杰伦相比，我们的起点也许并不比他差，最起码我们大多数人都念过大学，受过高等教育。但是，并非每一个人都能够取得周杰伦那样的成功，并不只是因为他对音乐独有的天赋，更因为他在面对挫折与失败的时候那种永不放弃、百折不挠的韧劲儿。

　　挫折是人生的催熟剂，挫折作为一种情绪状态和一种个人体验，各人的耐受性是大不相同的。有人经历了一次次挫折，都能坚韧不拔、百折不挠；有人稍遇挫折便意志消沉、一蹶不振，甚至痛不欲生，但成功的人大都是能在困苦中坚强着前行的人。

昨天再失败，今天也要充满斗志

在人生旅途中，经历挫折和苦难是人生的必然，人如果不经过挫折、苦难、挣扎，就不可能脱颖而出。遇到失意与困惑并不可怕，只要我们心中的信念没有萎缩，一直保持顽强的斗志，即使凄风苦雨，人生之旅也不会为之中断。

雨后，一只蜘蛛艰难地向墙上已经支离破碎的网上爬去，由于墙壁刚刚被雨水淋湿，蜘蛛爬到一定的高度就会掉下来，但它就是不放弃，从头再来，爬到一定高度又掉下来。就这样，蜘蛛一次次地向上爬，一次次又掉下来。

这一情景先后被三个均遭遇挫败的青年人看到了，第一个人叹息，既为蜘蛛也为自己，他自言自语地说："我的一生不正如这只蜘蛛吗？总是遭遇挫折和失败，上天对我不公平。"于是他日渐消沉，在碌碌无为中度过了余生。第二个人目睹了这一切后，说："这只蜘蛛真愚蠢，为什么不从旁边干燥的地方绕一下再爬上去？
我今后可不能像它这样愚蠢。"毫无疑问，受到启发并
懂得"绕一下"的他变得聪明起来，失败变成了财富。
第三个人则被蜘蛛屡败屡战的精神所感动，他承认这正
是自己所缺少的，于是，他变得坚强起来，保持顽强的
斗志，无论遇到什么样的困难都不轻言放弃。

聪明人很多，但成大业者不多，因为很多聪明人缺少毅力与
意志力，要成就大业，聪明和毅力一样也不能少。顽强的毅力和
坚定的意志力是人的综合素质中的重要构件，缺少这种素质是人
格不健全的表现。大量的事实表明，杰出的人才既具有勇于拼搏
的精神，也具有顽强的韧性与耐力。一帆风顺的成长过程很难培
养人顽强的毅力和坚定的意志力，唯有挫折与困难是练就毅力和
意志力的"熔炉"。

挫折与困难是人生的游戏对象，"前途是光明的，道路是曲
折的"，人生不可能总是万里东风、事事如意，挫折和困难在所难
免，很多情况下，甚至是坎坷多于平坦，既然挫折和困难在所难
免，那么，我们就应该采用直面挫折和困难的人生态度。

要战胜挫折和克服困难，必须始终坚持自己的信念，始终不
动摇自己的价值追求，冬天到了，春天还会远吗？守住了自己的信
念，不动摇自己的追求，在任何艰难困苦的情况下，都能够挺得
住，压不垮。

美国有一部名叫《边缘》的电影，影片中的主人公是一位受人尊敬的亿万富翁。在一次野外探险中，他与两位同伴不幸遇上了飞机失事，坠入到茫茫雪山之中，从此开始了险象环生、漫长艰苦的求生之路。在与十分恶劣的自然环境的抗争中，主人公反复传达出一种信息：在险境中丧生的人，最后都并非死于境况的险恶、体力的不支，而多是死于懊悔之心，他们不停地回忆当时的情景，抱怨自己没有能这样或那样才导致身陷绝境，直至最后放弃努力，放弃信念，坐以待毙。影片的最后，主人公以坚韧的个性、乐观的心态、不屈的努力，成功地走出了死亡边缘。

拥有斗志的人始终保持乐观向上、积极进取的心态，调整身心，不断完善自己的才能与实力，敢于拼搏、挑战，这种人堪称智者。每个人都有自己想做的事，而目的就是要让这件事做得成功。但是，想要成功，达到目的，并不容易，还得经过一番考验，还需要一种精神。"斗志"就是一种敢于拼搏的精神，如果你拥有顽强的斗志，那你所做的每一件事都能获得圆满的结果。

从某种意义上讲，我们应该感谢挫折与困难，因为挫折与困难可以让我们更加深刻地了解和理解客观世界的复杂性，可以促进我们的成长，可以使我们在成长的过程中增强对事物的应变能力，可以使我们在成长的过程中不断地激发出创造的力量。

事实上，人更多地是在战胜各种挫折和困难的过程中逐渐成长起来的。不经风雨，怎见彩虹？年轻人应该到大风大浪中去锻炼，说的正是这个道理。

没有失败的人生，只有放弃的人生

人生在世，每个人都有自己的目标和理想。没有目标和理想的人就如同在大海中失去方向的船，他的生活将变得毫无意义。人吃饭是为了活着，但人活着绝不是为了吃饭。每个人都渴望成功，但大部分人却不能如愿。想成功关键是要有一种精神，一种永不言弃的精神。失败只是人生路上的一道坎儿，迈过去了就是希望和成功。淡定面对失败，不言放弃地坚守自我。

只要不放弃，就会有成功的机会；只要努力地奔跑着，就会有成功的希望。成功没有捷径，也没有任何秘诀，只需有不怕失败的决心和坚强的毅力。人生有了目标，便有了成功的渴望。成功不是一帆风顺的，在我们遭遇困难的时候，绝不能轻言放弃。俗话说"水滴石穿，绳锯木断"，成功的路上贵在持之以恒、百折不挠、屡败屡战，直到抵达成功的彼岸。

一个人行走在沙漠中，眼看着身上带的水就要喝干了，于是他找了一个地势比较低的地方，用随身携带的铁锹开始挖井，他挖呀挖，挖了很久也不见水出来。

他认为这儿应该没有水了，于是就放弃了。但是他没有放弃寻找水源，走了一段路后又找了一个地方，开始挖另一口井。可是挖了一阵，还是没有挖出水来，他又一次放弃了。就这样，他始终没有挖出水来，最终死在了沙漠里。后来，又有一个人遇到了同样的困境，非常巧的是他找到了前一个人挖井的地方，于是惊喜地挖了起来，结果只挖了几锹，水就冒出来了。

人生没有失败，只有放弃，不放弃就不会失败。尤其是在你感到没有希望的时候，一定要坚持住，再继续挖，没准井水就出来了。有时候，你距离成功就差那么一两锹。成功只会眷顾那些懂得坚持的人。也许我们会失败很多次，但我们绝不能轻言放弃，什么挫折都不能阻止我们的成长和发展。如果我们连自我都放弃了，又如何去寻求成功呢？

1948年，牛津大学举办了一个"成功秘诀"讲座，邀请到了当时声誉极高的丘吉尔来演讲。三个月前媒体就开始炒作，各界人士翘首以盼。这一天终于到来了，会场上人山人海，水泄不通。全世界各大新闻机构都到齐了。人们准备洗耳恭听这位大政治家、外交家、文学家的成功秘诀。丘吉尔用手势止住大家雷动的掌声后，说："我的成功秘诀有三个：第一是，绝不放弃；第二是，绝不、绝不放弃；第三是，绝不、绝不、绝不能放

弃。我的演讲结束了。"说完就走下讲台。会场上沉寂
了一分钟后，爆发出热烈的掌声，经久不息。

唯有经得起风雨及种种考验的人，才是最后的胜利者。因此，如果不到最后关头就绝不能放弃，要永远相信：成功者不放弃，放弃者不成功。

依米小花是生长在非洲戈壁滩上的一种顽强的花。它的花呈四瓣，只有一条根蜿蜒盘曲插入地底深处，它通常要花费五年的时间来完成根茎穿插工作，第六年吐绿绽翠，花期却仅有两天，之后随母本香消玉殒。这使我们感悟到生命的真谛在于奋力追求的过程，只要在追寻梦想的路上永不言弃、勇往直前、全力以赴，那人生就会很精彩。

漫漫人生路，花开花落是人生道路上的风景，我们既要展开双臂迎接万紫千红，也要勇于拼搏，不言放弃，做成功之人。不要因为我们曾经跌倒过，就再也不愿意站起来；不要因为前面是一路风雨，就犹豫徘徊、畏缩不前；不要因为往日的辉煌而忘乎所以，沉湎其中不能自拔。要勇于拼搏，不言放弃，做当代的成功者。那时，迎接我们的将是一轮光芒四射的太阳。

用智慧巧妙化解挫折

1984年，在东京国际马拉松邀请赛中，名不见经传的日本选手山田本一出人意料地夺得了世界冠军。当记者问他凭什么取得如此惊人的成绩时，他说了这么一句话：凭智慧战胜对手。当时许多人都认为这个偶然跑到前面的矮个子选手是在故弄玄虚。马拉松赛是体力和耐力的运动，只要身体素质好又有耐性就有望夺冠，爆发力和速度都还在其次，说用智慧取胜确实有点勉强。

两年后，意大利国际马拉松邀请赛在意大利北部城市米兰举行，山田本一代表日本参加比赛。这一次，他又获得了世界冠军。记者又请他谈经验。山田本一性情木讷，不善言谈，回答的仍是上次那句话：用智慧战胜对手。这回记者在报纸上没再挖苦他，但对他所谓的智慧迷惑不解。

10年后，这个谜终于被解开了，他在他的自传中是这么说的：每次比赛之前，我都要乘车把比赛的线路仔细地看一遍，并把沿途比较醒目的标志画下来，比如第一个标志是银行，第二个标志是一棵大树，第三个标志是一座红房子……这样一直画到赛程的终点。比赛开始后，我就以百米的速度奋力地向第一个目标冲去，等到达第一个目标后，我又以同样的速度向第二个目标冲去。40多公里的赛程，被我分解成这么几个小目标就轻松地跑完了。起初，我并不懂这样的道理，我把我的目标定在40多公里外终点线上的那面旗帜上，结果我跑到十几公里时就疲惫不堪了，我被前面那段遥远的路程给吓倒了。

在现实中，我们做事之所以会半途而废，这其中的原因，往往不是在于难度较大，而是觉得成功离我们较远，确切地说，我们不是因为挫折而放弃，而是因为倦怠而失败。在人生的旅途中，我们只要稍微具有一点山田本一的智慧，那一生中也许就会少许多懊悔和惋惜。

山田本一的话令人深思。看来，辉煌的人生不会一蹴而就，它是由一个个并不起眼的小目标的实现堆砌起来的。让我们把目标化整为零，用一个个小的胜利去赢得最后的大胜利吧。

一个人要想获得成功，首先就要选择好人生的奋斗目标——你最终想要到达的地方，然后设计好路线——第一站要到达什么地方，用多少时间；第二站要到达什么地方，用多少时间……设计好你的路线后，你只需一步一步向终点前进，终有一天你一定能到达终点，得到你想要的东西。

　　一个教授让他的学生在黑板上写下对自己人生影响最大的四样东西。一个女生在黑板上写道：挫折、智慧、容貌、金钱。教授让她划掉一个，她毫不犹豫地划掉了金钱。教授让她再划掉一个，她想了想划掉了容貌。教授让她再划掉一个，她只能划掉了智慧。最后，教授问她："现在你还剩什么？"她答："挫折。"教授说："对。哪怕你什么都失去了，你还拥有人生。"

人生的存在就是要遭遇挫折、感受挫折、化解挫折，最后学会思考。挫折并不等于痛苦，我们完全可以化解挫折，让挫折变为我们的一种经历，变为我们人生中一笔宝贵的财富。

　　19世纪的印度成为英联邦成员之后，有一天，印度各大部落首领前来拜见英国王室。为了缔结友谊，实现英国在印度的顺利统治，英王室决定举行一个盛大的宴请招待会，当时还是王位继承人的温莎公爵奉命主持这次宴会。

　　席间，宾主双方你来我往，杯光盏影，觥筹交错，气氛热烈。可是在宴会即将结束的时候，发生了一件意想不到的事。服务员为每一位客人端来了洗手水，印度人看到精致的器皿中盛满了水，以为这是给客人的茶水，便纷纷端起来一饮而尽。此情此景，令在座陪客的英国贵族们目瞪口呆，不知道如何是好。他们不约而同地把目光投向了坐在主陪位置的温莎公爵。

这时，只见温莎公爵不动声色地一边与客人交谈，一边端起他面前的洗手水自然、大方地一饮而尽。众贵族绅士们自然不敢怠慢，都若无其事地将自己的洗手水喝完了。一场看似不可避免的尴尬场面就这样被温莎公爵巧妙而得体地化解了。印度部落首领受到了热情款待自然很高兴，宴会取得了成功，温莎公爵也用自己对他人的尊重和令人佩服的情商与智慧为英国赢得了更大的国家利益。

智慧学指导专家说：通向成功的台阶常常是由困苦和艰难铺成的。战胜苦难的利器是自我智慧！有自我智慧的人从来不惧怕苦难，因为他们知道怎样去面对和战胜它。可是为什么有些人遇到困难和挫折，总是要求助于外来的力量？这种外力是什么？他们哪里知道真正的力量就在我们自己身上，也就是自我智慧！

具有自我智慧的人，就是能够战胜自我的人。只要他们的自我智慧不死，他们的心就不会死。从古到今，那些能勇敢地拿起自我智慧的宝剑面对困难的人，都是智者。

善于思考等于孕育成功

在全世界IBM管理人员的桌上，都摆着一块金属板，上面写着"Think"（想）。这个创意，是IBM创始人沃森创造的。有一天，寒风刺骨，阴雨霏霏，沃森一大早就主持了一项销售会议。会议一直进行到下午，气氛沉闷，无人发言，大家逐渐显得焦躁不安。突然，沃森在黑板上写了一个很大的"Think"，然后对大家说："我们共同缺少的是，对每一个问题充分地去思考，别忘了，我们都是靠脑筋赚得薪水的。"从此，"Think"成为了沃森和公司的座右铭。

人类的脑细胞约有165亿个，一般人只用了不到1000万个，专家认为最少也要用1/10。所以，我们真应该动动脑，好好地去思考。古人早就告诫我们：心之官则思，不思则不得也。

有人说过这样一句话："不会思考的人是白痴，不愿思考的人是懒汉，不敢思考的人是奴才。只有敢于和善于思考的人，才能在平凡中发现非凡，才是出类拔萃的人。"一个人想要取得成功，首要条件就是善于思考。美国通用电气公司前总裁杰克·韦尔奇说过："有想法就是英雄。"一个人若是不懂得思考，就注定会走向平庸。要知道，思考是行动的先导，思考能够激发人的灵感与潜能，而每一个新的发现都是人类经过认真思考所得出的结论。苹果落到牛顿的头上，引发了牛顿的思考，从而令他发现了万有引力。在他之前有很多人都看见过苹果落地，但却没有人对此进行深入的思考，更不要说会发现万有引力了。

在竞争日趋激烈的当今社会，想要占有自己的一席之地，就要求我们不仅要会说能做，更重要的是勤于思考。卢瑟福是英国著名的物理学家，也是世界核科学的奠基人，他因为发现了原子核和原子有核结构而被授予1908年的诺贝尔化学奖。

有一天，卢瑟福做完实验已经很晚了，在回去休息的途中，他发现有一间实验室里灯火通明，他以为有小偷，就连忙赶了过去。谁知道开门一看，竟然是他的一名学生正在实验台前忙碌着。

卢瑟福关心地问他："这么晚你怎么还没休息呢，在忙些什么？"学生连头都没有抬，仍然忙着手里的工作，只是随口回答了一句："我正在忙着做实验呢！"

卢瑟福继续问道："你现在做实验，那么中午在做些什么呢？"

"我中午也在忙着做实验啊。"学生答道。卢瑟福又问："那你早上也在做实验？"学生回答："是的，老师，早上我也在做实验。"

"你的意思是说，你花了一整天的时间不眠不休都只为了做实验？"卢瑟福继续追问道。

学生满心自豪，以为自己一定能得到老师的称赞，因此他故作谦虚地说："是的，老师，我希望能够尽我所能，多学会一点东西。"

卢瑟福稍微停顿了一下，对他说："勤奋固然很好，只是我很好奇，你把所有的时间都花在做实验上了，那么你用什么时间来思考呢？"停顿了一下，他继续说："学习知识需要思考，思考，再思考，只有这样你才能成功。"

学生恍然大悟。后来，在卢瑟福的教导和培养下，他的学生和助手都知道了思考的重要性，并因此都取得了不小的成绩。

在人的一生中，做事不能只凭自己的感情，更不能只凭自己的感觉，意气用事必有麻烦。有时自己的感觉是错的，事情并不是想象的这般简单，表象总是容易迷惑人心。因此，只有理性做事才不至于反复折腾，不会出现大的差错，也不会让自己后悔莫及。切记：凡事都不能太冲动，不能只跟着感觉走，多思考才能不后悔。

行动来自于思考，思考是行动的指南。任何成功与失败都取决于行动与思考是否正确。现实是此岸，理想是彼岸，行动是连结这两岸的桥梁，而思考则是指导人正确行动的指南针，只有充分思考后的行动，只有经过了勤思多想后的实践，才能少犯错误，才能有效地预防挫折的发生。

挫折常见，最需要的是总结教训。成功很难，最需要的是思考经验。防范挫折和失败需要的就是多动脑，善思考。一味蛮干，即使有天大的勇气和斗志，也不会有什么理想的结果。因此说，不善于总结经验，就不会知道怎样成功。不会思考，就会时时遭遇失败。

数学家笛卡尔从小就是个喜欢刨根问底的孩子。有一次保姆给他讲神话："你看天上那颗闪亮的星叫美女星，上面住着一位漂亮的小公主。""就没有其他人？有没有王子？""既然有王子，为什么还叫美女星？"保姆不敢再说下去了。她告诉笛卡尔的父亲，这孩子真聪明，应该送他去上学了。

就是这样勤思好问的好习惯，成就了他日后的事业。他第一个想到为什么自古以来代数和几何一直分而不合呢？能不能用某种形式，在这两者间建立某种联系呢？经过不懈的探索，他终于如愿以偿，发明了笛卡尔坐标系即直角坐标系。

不要认为抽出时间思考是在浪费时间，要知道，思考是解决问题的前提，也是成就事业的基础。勤于思考是成就一切事业的前提，成功者都是思考者，所有伟大的成就都来源于思考，因为思考是通向成功殿堂的阶梯。每个人每一天都有1440分钟，如果你能够将其中的1%，即14分钟用于思考，那么你取得成功的概率就会比一般人大得多。

思考是一把开启困难大门、解决问题的钥匙。当一个人有了思考意识，并善于思考时，他就拥有了强大的能量去改变现状。思考能够让人学会解决问题的方法，而这种方法可以用于解决任何问题，简直就像是一把解决问题的万能钥匙，有了它，人们就能够以不变应万变，沉着冷静地攻克难题。

抓住机会，就相当于抓住了成功

有人说："机遇是上帝的别名。"那么，机遇究竟是什么呢？其实，机遇是一种有利的环境因素，让有限的资源发挥无穷的作用，借此更有效地创造利益。具体地说，机遇就是指在特定的时空下，各方面因素配合恰当，产生有利的条件。谁能最先利用这些有利条件，谁就能更快、更容易地获得更大的成功。

有位青年时常对自己的贫穷发牢骚。有一天，他终于鼓足勇气敲开了一位富翁家的门，希望那位靠白手起家的富翁能够告诉他一些关于致富的秘诀。

"你一定想知道我是怎样白手起家的吧？"一进门，富翁首先问道。"您是怎么知道的？"青年暗暗地对富翁的判断表示惊讶。

"因为在你之前，已经有很多位自以为一无所有的人来找过我。来时他们确实贫困潦倒而且牢骚满腹，但走时俨然个个都成了富翁。你也具有如此丰厚的财富，为什么还抱怨不止呢？"

"它到底在哪里呀？"青年急切地问。

"你的一双眼睛。只要你给我一只眼睛，我可以用一袋黄金作为补偿。"

"不，我不能失去眼睛。"青年大声回答道。

"好，那么让我要你的一双手吧。这样我就可以把你想得到的东西都给你。"

"不，双手也不能失去。"青年尖叫道。

"既然有一双眼睛，你就可以学习；既然有一双手，你就可以劳动。现在你看到了吧，你有多么丰厚的财富啊。这就是我所谓的致富秘诀。"富翁微笑着说。

青年听了，如梦方醒。他谢了富翁，昂首阔步地走了出去，俨然自己也成了一位富翁，因为他知道他已经拥有了致富的本钱。

抱怨怀才不遇的人永远落在他人之后。现实生活中，有许多人都像这位青年一样，不是抱怨命运不公，就是抱怨无人识用，"怀才不遇"成了他们安于贫困的避风港。其实，"怀才不遇"是人生获取成功最大的陷阱。机遇从来都只青睐于有准备的头脑。一个渴望成功的人应该主动寻找机遇、创造机遇，而不是等待机遇。

"怀才不遇"是人们送给失败者的最大安慰，也是最大欺骗，是人们最应该避免的成功陷阱之一。"怀才不遇"者总是在发牢骚，抱怨社会没有为他们提供相应的舞台，给他们以施展才华的机会。对于所谓的"怀才不遇"者，我们想说：世界不因你而存在，也不会为你而存在，除非你被人们奉为"救星"或者"救世主"什么的。

古今中外，凡成大器者，无不是有着极强的自信心，并勇于行动、勇于实践的人，他们在困难中不灰心，在面对挫折时不丧气，最终抵达成功的彼岸。

机遇每个人都会碰到，但要把机遇转化为财富，关键在于行动，就是要及时把有利时机转化为行动，这样就可以收到事半功倍的效果。

威尔逊一旦发现机遇就敢作敢为，迅速采取行动，不怕千难万险，朝着自己的目标大踏步前进。他创办假日酒店之初，遇到了如何发展假日酒店连锁店的困难，后来在合伙人华莱士的帮助下，终于找到了特许经营这个好办法。他们向别人出售假日酒店的特许权，代价是先付500美元，以后每间客房每个晚上付一个镍币的特许使用费。特许经营人建造假日酒店的费用由自己支付。

他们在本行业率先采用了特许制度，有报纸刊登了长篇文章，分析假日酒店公司爆炸式发展的奥秘。假日酒店公司还进行了一次全面的筛选，排除掉一些缺乏发展前途的假日酒店。

到威尔逊退休时，假日酒店的总数达1759家，分布在全美国50个州和全世界的50个国家，假日酒店终于发展成为世界历史上分布最广、最为庞大的旅馆。

失败和挫折不一定会变成不幸和痛苦，相反，通过吃苦耐劳、坚韧不拔的辛勤实干，它会转化成为一种祝福：它能唤起人们奋发向上的激情，并为之勇敢地奋斗。在这个奋斗过程中，某些意志薄弱者也许会通过自甘平庸或堕落来换取闲适安逸，但那些意志坚强的人则会使之成为生命中的转机，从中获取拼搏的力量和信心。

人的一生是否精彩，关键在于能否抓住那些最有决定意义的转机。最有希望成功的人，并不是才干最出众的，而是那些最善于发掘和利用每一个机遇的人。可以说，每个人都是自己命运的设计师和建筑师。

我们每一天都处在生命的交叉路口，每一天都要作出自己该朝哪个方向走的决定，每一天都会遇到可能改变人生的，或有助于个人成长的新机遇。

扼住命运的咽喉，做生活的强者

有人说："人的命，天注定，上天决定的事，谁也改变不了。"正是因为这句话，很多人都会抱怨自己生活得不幸福。而很多双耳失聪或者双目失明的人，虽然他们遭受了命运的不公正待遇，但是他们敢于接受命运的挑战，用实际行动证明了"自己的命运掌握在自己手中"。

《鲁滨孙漂流记》的作者鲁滨孙本来是一个幸福的中产阶级，他的生活衣食无忧，可是在一次航海中，他被海浪冲到了孤岛，没有人能想象，从小没有吃过苦的他竟然能在一个孤岛上生活十几年。鲁滨孙在寂寥的荒岛上凭着自己的双手战胜了一切困难，倔强地向命运抗争。他不但生产出了所有的生活必备品，而且创造出自己在岛上的生活条件。如果鲁滨孙说一声"算了吧，反正我没有离开的可能了"，那么今天的世人可能就看不到《鲁滨孙漂流记》了，人们看到的可能就是一堆白骨。但他没有,他以自己顽强的意志坚持到了被救的那一天。

每一次挫折都是人生的一次挑战。有些人总是能够坦然地面对人生的挫折,不管什么样的结果,他们都能握紧拳头一再坚持,从而享受到获取成功的喜悦。人的命运是握在自己手里的,只有敢于接受挑战的人才能收获那份成功。

在锦尚镇工业区有一处1100多平方米的电脑印花厂房,很多人难以想象,这个投资近160万元、各道工序都在井然有序地运作的厂房竟是患有小儿麻痹症的胡和平一手创建的。胡和平虽然身体残疾,但是心智却很健全,他在厄运面前没有低头,凭着百折不挠的精神和坚韧不拔的意志取得了今天的成绩。

胡和平出生于锦尚镇一个贫穷家庭,患有先天性小儿麻痹症,当时的医疗水平不如现在,而且那时的家庭经济条件也不好,所以最终导致胡和平右腿残疾。

在家排行老大的他,知道父母养家的艰辛,16岁的他便毅然决定去学漆油漆,以分担父母养家的辛劳。残疾的右腿,成为他工作的最大障碍,他也因此常受到他人的捉弄和嘲笑。

1991年,胡和平用之前打工攒下的钱买了一辆港田载客三轮车。这在当地还是第一个这么做的人。一

天，他奔波在倾盆大雨中，回家后，因体力不支引发
严重感冒发烧，被送去医院打点滴后，他又偷跑出
来，带病继续外出拉车。此时的他只想能多赚点钱，
供两个孩子读书。

2002年的时候，胡和平手里有了些积蓄，孩子们也
大了，家里的负担也轻了很多。他便向亲戚、朋友借了
一部分资金，办起了电脑印花厂。"爱拼才会赢，虽然
身体残疾，但在心里我和健康人一样平等，因为有这个
心态、有这个想法，所以我比别人更能吃苦。"胡和平
说。工厂刚开办的时候业务不多，他每天都要骑着摩托
车到布行去谈生意，一家都没漏过。他还通过找朋友、
托关系拉业务，扩大生产。

有一次，胡和平的一个大客户对他按期交过去的印
花货品挑三拣四，其目的就是希望在原本谈好的价格上
再降低些。胡和平虽然觉得自己价格合理、质量过关，
但最终还是按照客户的要求退回了货品，重新生产了一
批，这次退货损失近10万元。这次合作之后，胡和平得
到了这个客户引荐的多位客户，从此打开了属于自己的
生意之门。

如今胡和平的企业蒸蒸日上，他的成功是靠自己一
步步的努力获得的。如果不坚持，如果向命运低头，那
么他就不会有今天的成就。胡和平还多次为家乡的铺路
工程出钱，贡献自己的力量。

胡和平由于有崇高的理想和敢于挑战的勇气,因此才能身处逆境却走上了成功的道路。他的人生经历向世人证实了,他是一个令人折服的生活强者。面对厄运,他勇于接受挑战,不屈服、不放弃,最终战胜了厄运。

一位没有辉煌和光明、只有灰暗和贫困的青年,请教一位经常和别人谈论命运的禅师:"我的命运在哪里?"

禅师让他伸出左手,看了他手掌上的"生命线"和"事业线"之后,让他将手掌再慢慢握起来,然后问:"你说这几条线在哪里?"

这位青年答道:"在我的手里啊。"说完,他恍然大悟:原来命运就在自己手里。

"一位没有辉煌和光明、只有灰暗和贫困的青年"是指身处逆境的人,"握住你的手"是在告诉我们如何把握自己的命运。也就是说,身处逆境时,要勇敢地去接受命运的挑战,紧紧扼住命运的咽喉,做生活的强者。

第 3 章

人生再难也
可以笑着面对

　　大仲马说过："人生是一串串由无
数小烦恼组成的念珠，达观的人是含笑
数完这串念珠的。"在人生的道路上，
很少有人是一帆风顺的，都要遭受这样
或那样的困苦。有的人在逆境中奋起，
取得了很大的成绩；有的人没有勇气正
视人生，沉沦下去。但生活绝不可怜懦
夫，只欢迎那些笑着面对人生的人。

给逆境一个微笑

　　两个人从监狱的铁窗往外看，一个人看到的是满地的烂泥，另一个人看到的却是满天闪烁的繁星。这则故事揭示了两种人在身处逆境之时，所表现出的两种截然不同的生活态度：前者面对困境，对生活失去了信心，悲观、失望，甚至绝望，是一个悲观主义者；后者虽身陷牢笼，却对未来充满了希望，他观察到的不只是生活中的阴暗面，更多的是生活中的闪光点。对于悲观者而言，他只能怨天尤人，自叹命运不济；而对于乐观者而言，他则会以饱满的热情去迎接重获自由的那一天。

　　北欧一座教堂里，有一尊耶稣被钉在十字架上的神像，大小和一般人差不多。因为有求必应，所以专程到这里来祈祷、膜拜的人特别多，几乎可以用"门庭若市"来形容。教堂里有位看门的人，看十字架上的耶稣要应付这么多人的要求，觉得于心不忍，他希望能分担耶稣的辛苦。有一天，他祈祷时向耶稣表明了这份心愿。意外地，他听到一个声音，说："好啊，我下来为你看门，你上来钉在十字架上。但是，不论你看到什么、听到什么，都不可以说一句话。"看门人觉得，这个要求简单。于是，耶稣下来。看门人上去，像耶稣被钉在十字架上那般的张开双臂，本来神像就雕刻得跟真人差不多，所以来膜拜的人没有怀疑他，看门人也依照先前的约定，静默不语，聆听信友的心声。来往的人络绎不绝，他们的祈求，有合理的、有不合理的，千奇百怪、不一而足，但无论如何，他都强忍下来而没有说话，因为他必须遵守先前的诺言。

有一天，来了一位富商，当富商祈祷完后，竟然忘记拿手边的钱袋就离去了。他看在眼里，真想叫这位富商回来，但是，他憋着不能说。接着来了一位三餐不继的穷人，他祈祷耶稣能帮助他渡过生活的难关。当要离去时，他发现了先前那位先生留下来的袋子，打开，里面全是钱。穷人高兴得不得了，觉得耶稣真好，有求必应。之后，穷人万分感谢地离去了。而十字架上假装的耶稣看在眼里，想告诉他，这不是你的。但是，约定在先，他仍然憋着不能说。接着有一位要出海远行的年轻人来到，他来祈求耶稣降福他平安。正当要离去时，富商冲进来，抓住年轻人的衣襟，要年轻人还钱，年轻人不明就里，两人吵了起来。

这个时候，十字架上假装的耶稣终于忍不住，遂开口说话了。既然事情清楚了，富商便去找冒牌耶稣所形

容的穷人，而年轻人也匆匆离去，生怕搭不上船。假装
成看门人的耶稣出现了，指着十字架上的人说："你下
来吧，你没有资格在那里了。"看门人说："我把真相
说出来，主持公道，难道不对吗？"耶稣说："你懂得
什么？那位富商并不缺钱，他那袋钱不过用来嫖妓；可
对那位穷人来说，却能挽回一家大小的生计；最可怜那位
年轻人，如果富商一直纠缠下去，延误了他出海的时间，
他还能保住一条命，而现在，他搭乘的船正沉入海中。"

　　这是一个听起来像笑话的寓言故事，却透露出：在现实生活
中，我们常自认为怎么样才是最好的，但往往事与愿违。我们必须
相信：目前我们所拥有的，不论顺境、逆境，都是对我们最好的安
排。若能如此，我们才能在顺境中感恩，在逆境中依然心存喜乐。

　　1914年12月的一个夜晚，爱迪生的实验中心遭遇了
一场大火，失去了近100万美元的精密仪器与大批珍贵
的研究资料。这位大发明家站在这不幸打击的顶端巡视
着一堆堆残垣瓦砾时，领会到了有关生活与事业的一条
重要的哲理：即使身处逆境，也一定要保持乐观。爱迪
生后来将实验室重新建立了起来，为世界创造出难以估
量的财富。

　　一个能够在逆境中微笑的人，要比一个一旦面临艰难困苦就崩

溃的人伟大得多。一个能够在一切事情与他的愿望相悖时仍然面带微笑的人，是胜利的候选者。

面对逆境，我们可以有不同的选择。但是，给逆境一个微笑，或许是对它最致命的打击，它能给你战胜逆境的意志。我们前进的脚步总是让逆境绊住，但是我们要做生活的主人，不要坐在绊脚石的面前唉声叹气，耗尽了自己，要学会微笑着用有限的生命来超越无限的自己。

给逆境一个微笑，它能让你把痛苦瞬间减少。只有微笑，能让你重新振作，能让你摆脱逆境的阴影，走向辉煌的未来。商鞅变法，遭到了多少人的反对，可是他却一笑置之，继续执行；布鲁诺主张"日心说"遭到宗教势力的反对，可是直到受火刑，他还能微笑着坚持自己的信仰。

美国哲学家曾经说过："微笑对于一切痛苦都有着超然的力量，甚至能改变人的一生。"这句话一点儿也没错，其实每个人都会遇到逆境，但是微笑的人善于把逆境锤炼成壮美的诗行；善于把逆境化作心灵的灯盏，照耀前进的路；善于把生命的绊脚石转变为人生的垫脚石。

遭遇逆境，放大痛苦，只会让生命暗淡。遭遇逆境，让微笑去代替痛苦，让进取去代替沉沦，让振作去代替失意，不要因为逆境而放弃美丽的一生。笑对逆境，会让你领略到清风明月的美丽和最终胜利的喜悦。

让生命在感恩中绽放

在很多人的概念里，成功的人是快乐的，自己之所以不快乐是因为不成功。虽然很多人都渴望自己能够拥有更多的快乐，但快乐并不是人人都能拥有的，于是有的人就开始怨天尤人，怪上天不偏爱自己，怪命运多舛，抱怨事业不顺、与同事不和……但所有的这一切其实都不是导致不快乐的因素，而是因为这些人的心停留在了不快乐里，所以找不到生活的乐趣。那些常怀感恩之心的人则会因为生活中的点滴收获而欣喜若狂，他们感觉很快乐，自然生活得就会幸福。

不快乐只是暂时的，是人生的一道小坎儿，迈过去了就会拥有成功的快乐。人生没有那么多的收获和喜悦，但是可以拥有好的心态和心情，这样才能发现水滴穿石的惊喜和夕阳西下的美丽。有人说，懂得感恩的人就懂得享受快乐，成功就是心怀感恩的心。

1620年，当时的清教徒深受教会的迫害，迫于无奈，他们决定乘坐"五月花"号船离开生活的地方去北美新大陆寻求宗教自由。一路上，他们过着缺衣少食的

生活，而且随着天气的逐渐寒冷，其中有些人因为支撑
不住去世了。他们在海上颠簸折腾了两个月，终于在酷
寒的11月里登上了北美的陆地。第一年的冬天，很多人
因为不适应环境而死于饥饿和传染病。活下来的人生活
得十分艰难，但是一想到自由的新生活，他们就会显得
很高兴。他们在春季开始播种，经过了漫长的夏天的煎
熬，祈盼着丰收的到来。后来，庄稼终于获得了丰收，
大家非常感激上帝的恩典，决定要选一个日子来永远纪
念。据说，这就是美国感恩节的由来。

生活中，我们可能会遇到很多磨难，但是不管遇到多大的磨
难，我们都要懂得感恩，感谢命运的眷顾，使我们有机会在挫折中
得到历练。艰辛和挫折只是暂时的，懦弱的人必然会一蹶不振，而
勇于面对的人，不但能够获得成功，而且能享受到其中的快乐。对
于大多数成功的人而言，挫折不是前行的绊脚石，而是成功的试金
石。它考验着人们面对失败与困苦时的态度，考验着人们能否以淡
定的心态去获取人生的冠冕。

唐庆蝉在学校的成绩非常好，但是由于家境的贫
寒使他面临着失学的境况。就在这时，一位好心人28元
钱的资助，让他摆脱了辍学的命运。时隔13年，已经成
为杭州师范学院硕士研究生的唐庆蝉在心中一直珍藏着
那份难得的感恩，他费尽周折地寻找当年以希望工程的

名义资助他28元的恩人。他说,寻找恩人是此生最大的心愿,他希望能够有机会亲自对那个伸出援手的人说声"谢谢"。一天见不到那个帮助了自己的人,他心中的这个结就一天无法解开。

为了了却自己的心愿,他跑了许多的路途。他每次寒暑假回到家乡,第一件事就是跑到离家很远的县城找相关部门,打听那个帮助过自己的好心人的消息。家乡里能找的地方都找遍了,但还是找不到那个人。最后,他到省城的青少年发展基金会去查询,但每一次都是失望而归。功夫不负有心人,在团县委的帮助下,他和当年的捐助人蒋先生见了面。这让蒋先生颇为吃惊,因为他几乎忘记了13年前他捐助过一个学生28元钱的事情。终于,唐庆蝉哽咽地说出了一声"谢谢"。

很多人可能觉得不可思议,不能理解一个人竟然为了区区28元钱而如此念念不忘。难道这声"谢谢"就有那么重要吗?但懂得感恩的人都知道,这样的念念不忘是值得的,因为这是一颗感恩之心,它饱含真诚、善良、仁慈,充满圣洁、温暖和阳光。

马文芳是一名普通的乡村医生,他曾先后荣获"全国劳动模范"和"全国优秀乡村医生"等光荣称号。

当记者采访他,是什么力量支持着他38年来一直坚持在偏僻的乡村行医时,他说:"就是那1961年的169

元钱。"通过他的讲述，记者得知，1961年，也就是在他母亲得伤寒病去世后的第五天，家中年幼的弟弟也得了这种病。在全家陷入绝境的时候，1分、2分、5分，一个庄又一个庄，乡亲们都伸出了援手，竟然凑了169元钱。这笔在当时近乎天文数字的救命钱，让马文芳泪流满面。虽然弟弟最终没能救过来，但在他心灵深处，有一个强烈的声音在呼喊着："在农村，一定要有医生，一定要有为父老乡亲们治病的医生！"

感恩，是一种人生态度，它让人知足，让人淡定，让人无愧于生活。成功的人懂得感恩挫折的眷顾，只有历经磨难，才能等到花开云起的日子。中国人常说，"滴水之恩，当涌泉相报"。困苦是一种暂时的邂逅，而在困难之时得到他人资助的人要心怀感恩，即使一句简单的"谢谢"也是一种回报，对自己而言便是一种解脱和成功。

感恩不但是我们这个世界上最伟大的一种感情，也是一种最坚强、最持久的力量。常怀感恩之心，我们就会觉得生活其实很美好。

一只巴掌也能拍响人生

　　美国有一位叫格林特姆的专家，是专门研究鳄鱼的，他研究鳄鱼已经有40多年的时间了。有一天，他奇怪地发现：有一条鳄鱼竟然被树藤活活勒死了，于是他开始研究这条鳄鱼的死因。人们都知道，鳄鱼可潜在水中一个多小时而不会被淹死，以便于它在遇到体形庞大的猎物时能与之进行殊死搏斗。因为被鳄鱼咬住的动物，都会拼命地挣扎，这时鳄鱼就会使出它的看家本领，紧咬住不松口，身体却在水底不停地翻滚。一般的动物都经不起鳄鱼这样的翻滚，只要翻上几圈或者几十圈，即便它再凶猛无比，也会精疲力竭，被折腾得断气了。这就是鳄鱼的看家本领。正因为拥有如此本领，鳄鱼才得了一个称号，叫"天生猎手"。

　　格林特姆在查看现场后得出结论：鳄鱼在捕食一只动物的时候，一口咬到了树藤上。但它以为自己咬到的就是那只动物，于是在撕扯不动的情况下，便使

出了看家本领，在水里不停地翻滚，长长的树藤随着
鳄鱼的翻滚将其越缠越紧，最后真可谓"作茧自缚"
的它终于一点都不能动了。由此，格林特姆想出了一
个捕捉鳄鱼的好办法，就是用一根穿着鱼钩的丝线作
为鳄鱼想象中的猎物，鳄鱼一旦咬住，就会盲目地使
用其看家本领。而鳄鱼皮是由几层纤维组成的，十分
结实，鱼钩如果挂在了皮上，它就很难脱身了。鳄鱼
翻滚得越猛烈，丝线缠绕得就越紧密。正是鳄鱼自己
的强势，导致了它的丧命。

许多时候，我们不是跌倒在自己的缺陷上，而是跌倒在自己
的优势上。因为缺陷常常给我们以提醒，而优势却常常使我们忘
乎所以。

缺陷也许并不是一件好事，但是认识到自己的缺陷并勇敢地去面
对它，并以此作为自己努力的动力，缺陷也就成为一项资本了。陷入
逆境的时候，学会欣赏"缺陷美"，并包容生命里的"残缺"，再苦
涩的生活也会变得甜蜜。

8岁的富兰克林·罗斯福是一个脆弱胆小的男孩，
脸上总显露着一种惊惧的表情。他呼吸就像喘气一样，
如果被喊起来背诵，他立即会双腿发抖，嘴唇颤动不
已，回答得含糊且不连贯，然后颓废地坐下来。如果他
有好看的面孔，也许就会好一点，但他却是暴牙。

像他这样的小孩，自我感觉一定很敏锐，会回避任何活动，不喜欢交朋友，成为一个只知自怜的人。但是，罗斯福却不是这样。他虽然有些缺陷，但他有一种积极、奋发、乐观、进取的心态，这种积极的心态激发了他的奋斗精神。

他的缺陷促使他更努力地去奋斗，他并没有因为同伴对他的嘲笑便丧失了勇气，他喘气的习惯变成一种坚定的嘶声。他用坚强的意志，咬紧自己的牙床使嘴唇不颤动而克服自己的惧怕。就是凭着这种奋斗精神，凭着这种积极的心态，罗斯福终于成为了美国总统。

富兰克林·罗斯福不因自己的缺陷而气馁，甚至加以利用，变其为资本而爬上成功的巅峰。在他晚年的时候，已经很少有人知道他曾有严重的缺陷。美国人民都爱他，他成为美国第一个最得人心的总统，这种情况是以前未曾有过的。

很多人认为罗斯福成功的主要因素在于他的努力奋斗和自信自强，其实，更重要的是他从不自怜自卑，而是相信自己，不低估自己的潜能，以积极的心态激励自己去努力奋斗，最后终于从不幸的环境中找到了成功的秘诀。推而广之，不但缺陷可以超越，不利的环境同样可以超越。

仔细研究那些身残志坚的成功者们，就能深刻地感受到，他们身体上的缺陷不仅没有阻碍他们的成功，反而促使他们加倍地努力，最终得到更多的回报。正如威廉·詹姆斯所说的："我们身体的缺陷对我们有意外的帮助。"

她是一个黑人女孩。她从小就"与众不同",因为她患有小儿麻痹症。她的左腿瘫痪,只能病卧在床,失去了儿童应有的欢乐和幸福。随着年龄的增长,她的忧郁和自卑感也与日俱增,甚至她拒绝所有人的靠近。但也有个例外,邻居家那个只有一只胳膊的老人成了她的好伙伴。老人非常乐观,她非常喜欢听老人讲的故事。

一天,她被老人用轮椅推着去附近的一所幼儿园,操场上孩子们动听的歌声吸引了他们。当一首歌唱完,老人说:"我们为他们鼓掌吧。"她吃惊地看着老人,问道:"我的胳膊动不了,你只有一只胳膊,怎么鼓掌啊?"老人对她笑了笑,解开衬衣扣子,露出胸膛,用手掌拍起了胸膛……那是一个初春,风中还有几分寒意,但她却突然感觉自己的身体里涌动起一股暖流。老人对她笑了笑:"只要努力,一只巴掌一样可以拍响。你一样能站起来的。"

那天晚上,女孩给父亲写了一张纸条,贴到了墙上,上面是这样的一行字:一只巴掌也能拍响。从那之后,她开始配合医生做运动。9岁那年,父母不在时,她自己扔开金属架,试着走路。蜕变的痛苦是痛及筋骨的。她坚持着,她相信自己能够像其他孩子一样行走,奔跑。

11岁时，她终于扔掉支架。她又向另一个更高的目标努力，她开始锻炼打篮球和田径运动。1960年，罗马奥运会女子100米跑决赛，当她以11秒18的成绩第一个撞线后，掌声雷动，人们都站起来为她喝彩，齐声欢呼这个美国黑人的名字：威尔玛·鲁道夫。她成为当时世界上跑得最快的女飞人。她一共摘取了3枚金牌，也是第一个黑人奥运会女子百米冠军。

心理学家阿德勒认为，一切人在生命之初都是自卑的，自卑感是所有人成就背后的主要推动力。他最初把自卑感与人身体的缺陷联系了起来，有缺陷的人可能会努力加强该器官或通过发展其他器官的机能来补偿缺陷，一种过度补偿使他获得超水平的发展。

美国著名成功学家奥里森·马登说过："在当今世界上，很多人都把他们所取得的成就归功于障碍与缺陷。如果没有障碍与缺陷的刺激，他们可能只发掘出25%的才能，但一遇到痛苦的刺激，其他75%的才能就能被开发出来。"或许我们在某些方面有些先天不足，但只要心志没有缺损，就会锲而不舍，愈挫愈奋，用一只巴掌拍响人生。

控制你的情绪，不然它就控制你

两个工匠一起去卖花盆，不幸途中翻了车，花盆大半打碎，悲观的花匠说："完了，坏了这么多花盆，真倒霉。"而另一个乐观的花匠却说："真幸运，还有这么多花盆没有打碎。"在很多情况下，人们的痛苦与快乐，并不是由客观环境的优劣决定的，而是由自己的心态、情绪决定的。遇到同一件事，有人感到痛苦，有人却感到快乐，这完全是不同的心情使然。

二战时期的美国总统富兰克林·罗斯福，喜欢通过集邮来调节自己紧张的情绪。他每天强迫自己挤出一个小时的时间集邮，把自己关在一幢房子里，摆弄各种邮票，借此摆脱周围的一切。他每次去的时候，满脸阴沉、心情忧郁、疲惫不堪；离开的时候，精神状态完全变了，似乎整个世界都变得明亮了。

人活着，只有情绪属于自己，世界上再没有比破坏情绪更大的损失了，因为情绪是一个人生命活力的标志。人不应该把自己降为感情的奴隶，无论你遭遇的事情是怎样糟糕或不顺利，你都应努力去挣脱你的消极情绪，把自己从不幸中解脱出来。如果你背向黑暗、面对光明，阴影就会留在你的后面。

　　一位母亲失去了唯一的儿子——一个热情、机灵、充满爱心的年轻人。儿子死后两年，巨大的悲痛还是萦绕着她，她决定去苏格兰——在那里儿子曾愉快地就读于爱丁堡大学。她要沿着他的足迹，和他分享那些幸福的时光。在爱丁堡的一周里，这位母亲哭得死去活来，但终于还是复苏了。她在揪心的、煤迹斑斑的老城市里，处处感到了儿子的存在：在他住过的用石头围起来的公寓的玫瑰园里，在他于各个季节骑自行车领略风和海围绕的小山上……在那一周里，她感觉获得了新生，这片古老的土地给了她对新生、奇迹和重新斗争的信念，给了她这样的信心：我们能够战胜一切不幸。

　　每当遇到困难和障碍无法克服时，人就会产生不愉快的情感，有时甚至痛不欲生，这便是逆境。用心理学术语准确地表达：逆境心理是指个体从事目的活动受到主客观因素的阻碍、干扰，以致使预期的动机和目的不能实现、需要不能得到满足时而产生的情绪状态。可见，逆境是人的一种心理现象，而且是人类个体普遍存在的心理现象。这种心理现象是以负性情绪为主要特征的。逆境的负性情绪至少包括了失望、痛苦、紧张、焦虑、悲伤、抑郁、恐惧、愤怒等情绪。当身处困境时，许多人都会产生一种紧张的心理，这种紧张对克服困难很不利。正如威廉·詹姆斯说："过度紧张、坐立不安、着急，以及紧张痛苦的表情都是一种坏习惯，不折不扣的坏习惯。"面对逆境，负性情绪是一种坏习惯，而坏的习惯就应该祛除。

南非前总统曼德拉，年轻时因反对种族隔离制度被捕入狱。白人统治者把他关在荒凉的小岛上整整27年，3名看守总是寻找借口欺侮他。1991年曼德拉出狱并当选南非总统，当年在监狱看管他的3名看守也应邀参加了他的就职典礼，曼德拉还恭敬地向他们致敬。如此博大的胸襟让所有到场的各国政要和贵宾肃然起敬。后来，曼德拉解释说，他年轻时性子很急，脾气暴躁，正是漫长牢狱岁月的悲惨遭遇给了他思考的时间，让他学会了控制自己的情绪，学会了如何处理自己的痛苦。磨难使他清醒，使他克服了个性的弱点，也成就了他最后的辉煌。

学会控制自己的情绪是生活中一件生死攸关的大事。因为消极情绪不仅仅危害我们的身体健康，也会对我们的工作、学习、人际交往、事业产生不良影响，甚至我们的命运也会因为消极的情绪而毁于一旦。

在美国加州有一个小女孩，她的父亲买了一辆大卡车。她父亲非常喜欢那辆卡车，总是为那辆车做精心的保养，以保持卡车的美观。

一天，小女孩拿着硬物在她父亲的卡车上留下了很多的刮痕。她父亲盛怒之下用铁丝把小女孩的手绑起来，然后吊着小女孩的手，让她在车库前罚站。四个小时后，父亲的怒气消了，他想到了被自己惩罚的女儿。当他赶到车库时，他看到女儿的手已经被铁丝绑得血液不通了！父亲把她送到急诊室时，她的手已经坏死，医生说不截去手的话女孩会有生命危险。小女孩就这样失去了她的一双手！但是她不懂到底发生了什么……

父亲的愧疚可想而知。半年后，卡车经过重新烤漆又焕然一新。当父亲把车开回来的时候，女孩看到车，天真地说："爸爸，你的卡车好漂亮哟，跟买的时候一样新。但是，你什么时候才把我的手还给我？"

不堪愧疚折磨的父亲终于崩溃，最后举枪自杀。

酿成这样的悲剧，只是因为父亲没能控制住自己的一次情绪。情绪控制是一种很高的内在修养，是一门艺术。我们应该对各种情绪持有警觉意识，并且视其对心态的影响是好是坏而接受或拒绝。积极的我们就接受，消极的我们就拒绝，并提醒自己，这些情绪正是自己人生计划成功或失败的关键。弱者任情绪控制行为，强者让行为控制情绪。

永远作好失败的准备

孙中山说："不以挫折而灰心，不以失败而退怯。"德国诗人歌德说："斗争是掌握本领的学校，挫折是通往真理的桥梁。"人生在世，不可能万事如意、心想事成。如果我们没有必要的心理准备，就会被其搞得晕头转向、意志消沉，甚至悲观绝望。人只有常怀失败之心，才能在面临挫折时不悲观消沉。挫折面前没有救世主，只有自己才是自己命运的主人。鲍狄埃说："力量不在别处，就在自己身上。"

多年前，一位名叫福田三郎的青年去参加日本松下公司的一次招聘基层管理人员的应聘。录取人数出来了，福田没有被录取。得到这个消息后，他深感绝望，轻生自杀，幸亏抢救及时才挽回了生命。恰在此时公司派人送来通知，他被录取了，考试名列第二。此前没有接到通知是因为计算机故障统计结果有差错，所以漏掉了他的名字。然而，当公司知道他因未被录用而自杀时，立即决定不再录用他，理由是连这样小小的打击都经受不起，又怎能在今后艰苦曲折的奋斗路上建功立业？

由此可见，心理素质对一个人来说何等重要！福田就是因为心理承受能力太差，所以在得知没有被录取的时候选择了轻生。他只想到了成功，没有为失败作打算，所以一遭遇挫折便一蹶不振。卡耐基经过调查研究认为，一个人事业上的成功，只有15%在于其学识和专业技术，而85%靠的是心理素质和善于处理人际关系。1976年奥运会十项全能冠军的获得者詹纳，曾从体育比赛的角度作了类似的论述，他说："奥林匹克水平的比赛，对运动员来说，20%是身体方面的竞技，80%是心理人格上的挑战。"事实上每个人都有发展自己、取得成就的智慧，可惜很少有人知道如何开发自己的智慧和创造力。

生活中，人人都希望幸福之神总是眷顾自己，人人都幻想厄运中一定会出现奇迹。殊不知，我们的人生，就像大海里的船舶，有乘风破浪疾驰而进的时候，也有遭遇暗礁险滩停滞不前的时候。如果因为遭遇了磨难而怨天尤人，如果因为遭遇了挫折而自暴自弃，如果因为面临逆境而放弃了追求，那就大错特错了。只要你追求，只要你去做事，就不会一帆风顺，就难免会有风险、有困难、有挫折。大海里没有不受伤的船，人世间也没有一帆风顺的人。所以，我们要"为失败作准备"，要直面失败，要学会从容应对失败，才能战胜失败，获得成功。

在美伊战争中，伊拉克总统萨达姆扬言，他已摆好城市游击巷战的阵势恭迎美国大兵。在摩加迪吃过巷战苦头的美军不敢掉以轻心，他们在苦练怎么打胜仗的同时，也在苦练打败仗后如何当俘虏。战俘训练课程的名称是"超压力灌输"，包含四大科目——野外生存、躲藏逃脱、积极抵抗、保命要紧。训练以近乎残酷的方式进行，但却是必要的，它可以提高人的生理和心理承受能力，一旦身临绝境，就可以从容应付。

人性的弱点就是居安不思危，缺乏忧患意识。据消防部门统计，死于火灾中的人，70％以上没有受过自救训练；又据《中国女性自杀报告》一文分析，在每年大约几十万的女性自杀者中，75％以上的人缺乏失败的心理准备，一旦失恋、婚姻受挫、家庭纠纷，便选择轻生。即便是男性中的佼佼者也概莫能外，项羽就是没有打败仗的心理准备，才觉得愧对江东父老而自刎的。李自成也是没有为失败作准备，只进京三个多月，便在清军的进攻下一败涂地。古人言："凡事预则立，不预则废。"无数事实说明，谁能为失败作好充分的准备，谁就能化险为夷，反败为胜。

1942年，反法西斯的盟军成功登陆诺曼底，开辟了第二战场。最高统帅艾森豪威尔将军发表了讲话："我们已经胜利登陆，德军被打败，这是大家共同努力的结果，我向大家表示感谢和祝贺！"

可是当时谁也不知道，在登陆前，除了这份讲话稿之外，艾森豪威尔将军还准备了另一份截然相反的讲话稿，那其实是一篇失败讲演稿："我很悲伤地宣布，我们登陆失败了，这完全是我个人的决策和指挥的失败，我愿意承担全部责任，并向所有人道歉。"除此之外，艾森豪威尔将军还作了很多失败的准备，如向罗斯福总统如何汇报，如怎样避免士兵们士气低落……

赢得登陆战争的胜利，艾森豪威尔将军相当渴望，但是，在登陆开始之前，他却为失败作好了充分的准备。

为失败作准备，在很多人看来是很无聊的，他们不愿意为失败作准备；而有一些人则是根本就没有为失败作准备的意识，他们知道自己可能会失败，但失败之后如何，却不在他们的思考范围之内。

中国有句俗语就是：做什么事都要给自己留条后路。意思是说凡事都应为胜利尽最大努力，但也得为失败作好准备。

坦然接受不可避免的事实

比尔·盖茨曾强调，许多不公平的经历，我们是无法逃避的，也是无法选择的。我们只能接受已经存在的事实并进行自我调整，抗拒不但可能毁了自己的生活，而且会使自己精神崩溃。因此，人在无法改变不公和不幸的厄运时，要学会接受它、适应它。

一位很有名气的心理学教师，一天在给学生上课时拿出一只十分精美的咖啡杯，当学生们正在赞美这只杯子的独特造型时，教师故意装出失手的样子，咖啡杯掉在水泥地上成了碎片，这时学生中发出了惋惜声。教师指着咖啡杯的碎片说："你们一定会为这只杯子感到惋惜，可是这种惋惜也无法使咖啡杯再恢复原形。今后在你们的生活中发生了无可挽回的事时，请记住这破碎的咖啡杯。"

命运中总是充满了不可捉摸的变数，如果它给我们带来了快乐，当然是很好的，我们也很容易接受。但事情往往并非如此，有时，它带给我们的会是可怕的灾难，这时如果我们不能学会接受它，反而让灾难主宰了我们的心灵，那生活就会永远地失去阳光。

荷兰阿姆斯特丹有一座15世纪的教堂遗迹，里面有这样一句让人过目不忘的题词："事必如此，别无选择。"英王乔治五世在白金汉宫的图书室里就挂着这样一句话："请教导我不要凭空妄想，或作无谓的怨叹。"显然，环境不能决定我们是否快乐，我们对事情的反应反而决定了我们的心情。

一位心理学专家做了一件傻事，他拒绝接受自己所碰到的一个不可避免的情况，想去反抗它，结果使他失眠好几夜，并且痛苦不堪，问题却一点儿没有得到解决。他让自己想起所有不愿意想的事情，但是经过了一年的自我虐待，最终还是接受了不可能改变的事实，才从痛苦中解脱出来。但这并不是说，在碰到任何挫折的时候，都应该"低声下气"，那样就成为宿命论者了。不论在哪一种情况下，只要还有一点挽救的机会，我们就要奋斗。

在暴风雨后的一个早晨，一个男人来到海边散步。他看到沙滩的浅水洼里，有成百上千条被海浪卷上岸来的小鱼。用不了多久，浅水洼里的水就会被沙粒吸干，被太阳蒸干，这些小鱼都会干死的。

他忽然看见前面有一个小男孩，不停地捡起水洼里的小鱼，把它们扔回大海。这个男人忍不住走过去说："孩子，这水洼里有几百几千条小鱼，你救不过来的。"

"我知道。"小男孩头也不抬地回答。

"哦？那你为什么还在扔？谁在乎呢？"

"这条小鱼在乎。"男孩儿一边回答，一边捡起一条鱼扔进大海。"这条在乎，这条也在乎。还有这一条，这一条，这一条……"

美国许多著名的企业家和政治家，他们大多数都能接受那些不可避免的事实，过着一种"无忧无虑"的生活。如果他们不这样的话，就会被巨大的压力压垮。没有人能有足够的情感和精力既抗拒不可避免的事实，又能利用这些情感和精力去创造新的生活。你只能在这两者中间选择其一，你可以在面对生活中那些不可避免的暴风雨时，弯下自己的身子，你也可以自不量力地去抵抗而被摧折。如果我们不接受这些不可避免的曲折，而是去反抗生命中所遇到的挫折的话，我们会怎样呢？答案非常简单，那就是会产生一连串内在的矛盾，我们会因忧虑、紧张、急躁而变得神经质。

"对必然之事，轻快地加以承受。"这是一句古老的名言。在这个充满忧虑的世界，今天的人比以往更需要这句话。

哈科在某家大建筑公司从事设计工作，他一直都希望能在都市中买一套心仪的房子。但是，他突然遭到公司革职，不仅如此，和他交往数年的女朋友也与他分手了，这样他根本无法买房子。哈科悲痛不已："为什么只有我遭遇这样的不幸。"但是，哈科还是接受了这个不可避免的事实。

然而，人生的遭遇总是变幻不定的。失业后不久，哈科通过朋友介绍，接受了一家设计师事务所的邀请。这个事务所不但提供的薪水比以前公司高，而且能让他尽情发挥自身的才能。于是不幸的状态完全改变，并连续发生了幸运的事。不久，他在新的公司和一位女性坠入爱河。该公司老板还特别对他说："你似乎想在都市内买一套房子，如果你需要向住宅金融机构贷款，我可以当你的保证人。"这样一来，哈科不仅在事业上和爱情上有了好转，甚至还获得了梦想中的房子。

从此例可知，即使偶尔出现不幸的现象，也不要失望，也许当时的确感到难过、悲伤，但这看似不好的现象，实际上正是出现幸福的前兆。既然如此，就一定要相信"塞翁失马，焉知非福"这句话，接受不可避免的事实，抱持乐观的态度生活下去吧！

乘着苦难的翅膀飞翔

巴尔扎克说过："苦难是人生的一块垫脚石，对于强者是笔财富，对于弱者却是万丈深渊。"人的一生没有谁是平平坦坦的，一帆风顺是我们仁慈的祝贺，但有谁能一帆风顺而终老一生呢？我们每个人都不可避免地要经历转变命运的一个个大坎——失学、失业、失恋、失去亲人、失去财富、失去健康等等。

台湾作家林清玄写过一个故事：有一年上帝看见农民种的麦子硬朗累累，觉得很开心。农夫见到上帝却说："五十年来我没有一天不在祈祷，祈祷年年不要有风雨、冰雹，不要有干旱、虫灾，可无论我怎样祈祷总不能如愿。"农夫忽然吻着上帝的脚说："我全能的主呀！您可不可以明年承诺我的恳求——只要一年的时光，不要大风雨、不要烈日干旱、不要有虫灾？"

上帝说："好吧，明年必定如你所愿。"

第二年，由于没有狂风暴雨、烈日与虫灾，农民的田里果然结出很多麦穗，比往年的多了一倍，农民高兴不已。可等到秋天的时候，农夫发现所有的麦穗竟全是瘪瘪的，没有什么好籽粒。农夫含泪问上帝，说："这是怎么回事？"

上帝说："由于你的麦穗避开了所有的考验，所以才变成这样。"

一粒麦子，尚且离不开风雨、干旱、烈日、虫灾等挫折的考验，对于一个人，更是如此。

有人说过，人的脸型就是一个"苦"字，天生就该受尽各种苦难。此话有一定的道理。想想人的一生，在自己的哭声中临世，在亲人的哭声中辞世，中间百十年的生活，无时无刻不在与艰难、困苦、疾病、灾害打交道。

假如人生没有磨难，其本身就是一种灾害。长期生活在一顺百顺、无忧无虑的环境中，淘汰不了劣者，筛选不出强者，人类就不会进化，社会也不会向前发展。当认真审阅自己的心坎时，我们会发现点燃自己灵魂之光的往往正是一些当时被看作是磨难和困苦的境遇或事件。

一个完整的人生，一定要经过历练。所以，从某种意义上不得不说："苦难"是上帝馈赠给人类最好的礼物！但是，苦难变成财富是有条件的。我们不必学那些宗教殉道者，把苦痛作为一种享受和目标，我们是具有正常生理及心理功效的人，有七情六欲，知道趋利避害，知道"阳光总在风雨后"和"吹尽黄沙始见金"这两句话的深刻含义。

英国前首相丘吉尔，在他的自传里这样写道："苦难是财富还是屈辱？当你克服了苦难时，它就是你的财富；可当苦难克服了你时，它就是你的屈辱。"

　　1858年，瑞典的一个富裕人家生下了一个女儿。之后不久，家里人发现这个女孩无法行走，经医生确诊，女孩患上了一种无法解释的瘫痪症，从此她将丧失走路的能力。

　　几年过去了，女孩都八岁了。有一次，她和家人一起乘船去旅行。大人各自忙自己的事情去了，只有女孩在甲板上听船长的太太讲故事。船长的太太说在这只船上有一只天堂鸟，它不但长有金光闪闪的羽毛，而且还能歌善舞，甚至可以帮助客人拿东西。女孩被这样的描述迷住了，她在幻想鸟儿的样子，很想亲自去看一看。于是保姆把女孩留在甲板上，自己去找船长。可是女孩耐不住性子，她要求船上的服务生带她去看那只天堂鸟。服务生并不知道她的腿不能走路，于是一个人径直地往前走。这时候，奇迹出现了，女孩因为过度地渴望，竟然忘我地拉住服务生的手，就这样跟着服务生慢慢地走了起来。从此，女孩的病便慢慢地痊愈了。

　　女孩长大后，热情地投入到文学创作中，成为第一位荣获诺贝尔文学奖的女性，这个女孩就是塞尔玛·拉格洛夫。

当我们克服了苦难并阔别了苦难时，苦难才是你值得自豪的一笔人生财富，才是你人生中经过历练后的翱翔！

人的一生会遇到种种的困难，当困苦向我们压来的时候该如何去做呢？应该执着而自信地去追求，对自己说"我要成功，我不要失败，不能放弃"。不管有多么艰难，都要用激情去点燃心中的信念，永不言弃，这样才能取得理想中的成功。磨难也是生活的一种馈赠，只有勇于接受的人，才能化茧成蝶。

没有人生来就是成功的。树苗只有经历了暴风雨的吹打，才能经得起岁月的考验；雄鹰只有经过痛苦的飞翔训练，才能搏击长空。一个人要想翱翔于蓝天之上，首先要学会面对挫折，懂得在苦难中历练。世上没有随随便便的成功，也没有平白无故的苦难，每一次苦难都是在为飞翔作准备，也因为这些人生路上的苦难，才让人飞得更高、更远。

能屈能伸的人生才是成功的人生

有人把动物界的刺猬说成是能屈能伸的智慧化身。当身处顺境时，它拱着小脑袋，凭借着满身的硬刺，横冲直撞；当身处险境时，它则缩回脑袋，把自己滚成一个刺球，让敌人无隙可击。能屈能伸，与其说是生物界的一种智慧，不如说是一种生存本能。

伸是进取的方式，屈是保全自己的手段。人生在世，都是在反复伸屈的状态中走过来的。

当遭遇生活或者事业上的困难、低潮或逆境、失败时，若能运用"屈"的智慧，往往会收到意想不到的效果。如果该屈时不屈，反而伸，必然会遭到沉重的打击，有时甚至连性命都难保。

春秋时，吴越之战中越王勾践战败，于是他们夫妇二人被抓做人质，给吴王夫差当奴役。转眼间，勾践由一国之君到为人仆役，这是多么大的羞辱啊！但勾践忍了，屈了。是甘心为奴吗？当然不是。他是在伺机复国报仇。

到吴国之后，他们住在山洞的石屋里。如果夫差要外出，勾践就要亲自为之牵马。尽管遭到很多人的唾弃，但他始终表现得很驯服。

一次，吴王夫差病了，勾践在背地里让范蠡预测了一下，知道此病不久便可痊愈。于是勾践去探望夫差，并亲口尝了尝夫差的粪便，然后对夫差说："大王的病很快就会好的。"夫差便问他为什么。勾践就顺口说道："我曾经跟名医学过医道，只要尝一尝病人的粪便，就能知道病的轻重，刚才我尝大王的粪便味酸而稍有点苦，所以您的病很快就会好的，请大王放心！"果然，没过几天夫差的病就好了，夫差认为勾践比自己的儿子还孝敬，很受感动，就把勾践放回了越国。

勾践回国之后，依旧过着艰苦的生活，一是为了笼络大臣百姓；一是因为国力太弱，为养精蓄锐、报仇雪耻。他睡觉时连褥子都不铺，而铺的是柴草，还在房中吊了一个苦胆，每天尝一口，为的是不忘所受的苦。

渐渐地，夫差放松了对勾践的戒心。此时的勾践已经恢复国力，厉兵秣马，终于可以一战了。两国在五湖决战，吴军大败，勾践率军灭了吴国，活捉了夫差，两年后成为霸主。正所谓"苦心人，天不负，卧薪尝胆，三千越甲可吞吴"。

勾践所受之辱、所担之苦，可以说达到极点了。但他熬了过来，不仅报了仇，雪了耻，还成了当时的霸王。

中国有句古语:"人要脸,树要皮。"可你想想如果连事业
都不能保障,连生命都受到了威胁,那还要面子有何用?人生在世
要懂得取舍,其实就是要学会生活。人的一生就如一条大河,不可
能一直向前,直通大海,必然要根据地势、地貌,弯弯曲曲,七拐
八扭。当人处于逆境的时候,或者说,在倒霉的时候就应该委曲求
全,收起锋芒。这就是屈的功能,从而以屈求伸,等待时机,再创
生命的辉煌。

很久以前,一位挪威的青年男子到法国去报考著名
的巴黎音乐学院。考试的时候,尽管他竭力将自己的水
平发挥到最佳状态,但主考官还是没录取他。

青年的钱很快就花完了,身无分文的他来到学院外
不远处一条繁华的街道,在一棵树下拉响了手中的琴。
他拉了一曲又一曲,吸引了无数人驻足聆听。青年虽然
很犹豫,但是面对饥饿,还是捧起自己的琴盒,围观的
人们纷纷掏出钱来,放在了琴盒里。这时,一个看似无
赖的人将钱扔在青年的脚下。青年看了看无赖,弯下腰
拾起地上的钱,递给那个人说:"先生,您的钱丢在了
地上。"那人接过钱,再次将钱扔在年轻人的脚下,傲
慢地说:"这钱是我赏给你的,你必须收下!"青年再
次看了看那人,深深地对他鞠了个躬说:"先生,谢谢
您的资助!刚才我弯腰为您捡起了您掉的钱。现在我的
钱掉在了地上,麻烦您也为我捡起!"那人一时之间不

知道该说什么，他被年轻人出乎意料的举动震撼了，最终捡起地上的钱放入青年的琴盒，然后灰溜溜地走了。

围观的人群中有双眼睛一直在默默关注着青年，他就是刚才的那位主考官。他将青年男子带回学院，最终录取了他。这位青年男子叫比尔·撒丁，后来成为挪威小有名气的音乐家，他的代表作是《挺起你的胸膛》。

俗话说："小不忍，则乱大谋。"《周易》中也提出"潜龙勿用"的思想，即在一定条件下，寻找时机，卷土重来。这些都在告诉世人，积蓄力量和保持忍耐的重要性，不要因为眼前的一时痛快而乱了阵脚，这样往往适得其反。

当我们因为某种原因陷入生活最低谷的时候，有时会招致一些无端的蔑视；当我们处在为生存苦苦挣扎的关头时，也许会遭遇肆意践踏自己尊严的人。针锋相对的反抗是人的一种本能，但往往会让那些缺知少德者更加变本加厉。面对这样的情况，理智是唯一的解决办法，我们应该以一种宽容的心态去展示并维护我们的尊严。那时你会发现，任何邪恶在正义面前都将无法站稳脚跟。

沿着失败向上攀缘

人生的失败屡见不鲜，其实失败只是人生路上的一道坎，迈过去了就是光明。那些勇于沿着失败前行的人大都是能坚持的人，即使再困难，也毫不气馁，而是微笑着面对生活的每一天。

失败是一根绳索，有的人用来继续攀爬更高更陡的山峰，有的人把它当作了自缢的工具。面对失败这根绳索，很多人都明白，该把它当作攀爬的工具，事实上很多人也做到了，所以就有了"失败是成功之母"的安慰；可是也有那么一些人，硬是把失败当作了离开这个世界的通道。

聪明智慧的人认为失败是成功之母，面对失败和挫折，看到的是希望，不气馁、不颓废，勇敢朝着未来成功的方向前进；然而，懦弱、愚蠢的人在遇到挫折和不幸的时候，看不到希望，找不到出路，感觉没有退路了，于是就不想活了。

美国有一个很烂的篮球队，刚刚连输了十场比赛，他们的教练因此被开除了。这时来了一个新的教练。新教练到来后给队员灌输的观念是"过去不等于未来"，

"没有失败，只有暂时停止成功"，"过去的失败只是下一个成功的开始"。

比赛进行到第十一场的中场的时候，这个球队相比别人又落后了30分，休息的时候每个球员都垂头丧气，教练说："难道你们要放弃吗？"球员们张大了嘴巴，尽管很惊讶，但还是没有底气讲不要放弃，可肢体动作表明他们已经承认失败了。

教练看到他们那垂头丧气的样子，说："成功者永不放弃，放弃者绝不成功。"接着教练就开始问问题："一个顶尖的推销高手都是很会问问题的。现在请诸位回答我，假如今天是篮球之神迈克尔·乔丹遇到连输十场在第十一场又落后30分的情况，那么作为篮球天王的迈克尔·乔丹，他会放弃吗？"

球员们异口同声地回答："他不会放弃！"

教练见球员们有了干劲，又道："假如今天是拳王阿里被打得鼻青脸肿，但在钟声还没有响起、比赛还没有结束的情况下，你们觉得他会不会选择放弃？"

球员们答道："不会！"

教练乘势说道："假如爱迪生在发明电灯的时候，遭遇到了失败就放弃了，那么今天的我们还会看见灯光吗？"

球员们回答："不会！"

教练接着问他们第四个问题："米勒会不会

放弃？"

全场非常安静，有人举手问："米勒是哪门子人物，怎么连听都没听说过？"

教练带着一个淡淡的微笑，说道："这个问题问得非常好，因为米勒以前在比赛的时候选择了放弃，所以你从来就没有听说过他的名字！"

成功没有捷径，只要你不放弃，就有机会。那些一遭遇失败就放弃的人，必然不会成功。那些坚持了梦想并笑对生活的人，最终都会收获自己的成功。人生不成功的原因就是面对失败的时候妥协了，敢于沿着失败向上攀缘的人都会迎来属于自己的一片天。

有一个绰号叫"斯帕奇"的小男孩儿，他读小学时，各门功课常常不及格。中学时，物理成绩通常都是零分，他成了全校有史以来物理成绩最糟糕的学生。

斯帕奇在拉丁语、代数以及英语等科目上的表现同样惨不忍睹，体育也不见得好多少。虽然他参加了学校的高尔夫球队，但在赛季唯一一次重要的比赛中，他输得一塌糊涂。即使是在随后为失败者举行的安慰赛中，他的表现也很差。

在整个成长时期，斯帕奇都笨嘴拙舌，社交场合从来不见他的人影。这并不是说，其他人都不喜欢他或讨厌他。其实在人家眼里，他这个人仿佛就不存在。如果有哪位同学在学校外主动向他问候一声，他会受宠若惊、感动不已。

他跟女孩子约会时会是怎样的情形，大概只有天才晓得，因为斯帕奇从来没有邀请女孩子一起出去玩过。他太害羞，生怕被人无情地拒绝。

斯帕奇真是个无可救药的失败者，然而他对自己的表现似乎并不十分在乎。从小到大，他只在乎一件事情——绘画。

他深信自己有绘画的天赋，并且经常为自己的作品感到自豪。但是，他的画没有人欣赏或者赞美，只有他自己看得上眼。上中学时，他向毕业年刊的编辑提交了几幅漫画，但最终全部落选。尽管有多次被退稿的痛苦经历，但斯帕奇从未对自己的绘画才能失去信心，而且下决心今后要成为一名职业的漫画家。

中学毕业那年，斯帕奇向当时的沃尔特·迪士尼公司写了一封自荐信，他向该公司推荐了自己的作品。该公司让他把漫画作品寄过去看看，同时规定了漫画的主题。于是，斯帕奇开始为自己的前途奋斗。他全力以赴，以一丝不苟的态度完成许多幅漫画。然而，最终迪斯尼公司并没有录用他，他再一次吞下失败的苦果。

斯帕奇感到前途十分渺茫。走投无路之际，他尝试着用画笔来描绘自己失败的人生经历。他以漫画语言讲述了自己灰暗的童年、不争气的青少年时光——一个学

业糟糕的不及格生、一个屡遭退稿的所谓艺术家、一个
没人注意的失败者。他的画也融入了自己多年来对画画
的执着追求和对生活的真实体验。

创作完成之后，他将这些漫画投稿到一个做漫画的
公司，连他自己都没想到，他所塑造的漫画角色竟然一
炮走红，连环漫画《花生》很快就风靡全世界。从画笔
下走出了一个名叫查理·布朗的小男孩儿，这也是彻头
彻尾的一名失败者：他的风筝从来就没有飞起来过，他
也从来没踢好过一场橄榄球赛，他的朋友们都叫他"木
头脑袋"。熟悉小男孩儿斯帕奇的人都知道，这正是他
早年平庸生活的真实写照。作者究竟是谁呢？他就是世
界闻名的漫画家查尔斯·舒尔茨。

人生道路真的很漫长，偶尔的挫败也只能证明你在某一方面的
不足，而不能说明你整个人生都是失败的。面对失败可以找很多理
由放弃，但是面对失败而坚持的人却寥寥无几。这些人通常都是能
直面人生的人，他们懂得感恩、懂得微笑，所以他们能接受失败的
考验，最终取得成功。

第 4 章

再努力一点点，
成功自然水到渠成

　　努力是智慧的源泉，灌溉理想之
树；努力是希望的沃土，养育成功之
花。多一丝努力，多一分坚持，心中渴
望成功的火焰才能释放最热烈的光芒。
成功，只能靠努力。

自信，成功路上难得的力量

自信心这种良好的心理品质表现为肯定自己、相信自己、追求自我，去积极地实现自我价值。"成功"是每个人追求的最终目标，而自信是它的前提。我们无论在学习中还是在生活中，都会遇到许多大大小小的挫折，这时，你有两条路可以选择，要么就此沉沦下去，一蹶不振；要么相信自己，重新来过。如果选择了后者，那么你就为成功点亮了一盏宝石灯。

颜渊是孔子的弟子。他向孔子讨教说："我曾经乘舟渡过一个深潭，艄公驾船的本领神奇莫测。我问艄公驾船到您这份儿上可以掌握吗？他肯定地回答说可以。善于游泳的人只要经过练习便可以学会，若是会潜水的人即使从未接触过船也能操作自如。"对于艄公的一番道理，颜渊自称并不理解，但是艄公不肯作进一步解释，他只好向孔子求教。

孔子听罢弟子的介绍，向颜渊解答个中奥妙：游泳能手是不会惧怕水的，他对学习驾船不存在恐惧心理，心情完全是放松的；擅长潜水的人把陆上和水中看成一码事，把船行和车驶看成一回事，把翻船更不当一回事。所以，即使从没驾过船也能操舟自如，悠然自得。好比一个参与赌博的人，用瓦块为赌注，心理毫无负担，赌起来轻轻松松，对输赢泰然处之反而常常获胜；他用衣物下赌，就有些顾忌；如果他用黄金下赌，那就会顾虑重重、心情紧张，惧怕输掉赌资，他会患得患失。其实赌的规则和技巧都是相同的，由于产生怕输的负担，技巧就难以发挥。孔子说，凡是以外物为重，怀有恐惧心理，那么内心必然怯懦而使行为显得笨拙、犹豫。否则，就会是相反的表现。

正所谓"艺高人胆大"，而胆大来自于平日的勤学苦练。有了这个基础，信心就会建立。有了信心，一切困难就都不再是困难了。

自信是使人走向成功的第一要素，如果你真正建立了自信，那么你就已经迈入了成功的大门。一个人能否做成、做好一件事，首先要看他是否有一个好的心态，以及是否能认真、持续地坚持下去。信心大、心态好，办法才多。所以，信心多一分，成功多十分，投入才能收获，付出才能杰出。当然，成功卓越的人只有少数，失败平庸的人却很多。成功的人在遇到挫折和危机的时候，仍然是顽强、乐观和充满自信的，而失败者往往会退却，甚至是甘于退却。我们应该学会自信，成功的程度取决于拥有信念的程度。

古往今来，每一个伟大的人物在其生活和事业的旅途中，无不是以坚强的自信为先导的。拿破仑就曾宣称："在我的字典里没有'不可能'这个字眼。"正是因为他的这种自信激起了无比的智慧和巨大的能量，使他成为横扫欧洲的一代名将。可见，自信会使你创造奇迹。

我们常因为生活中的许多问题、困难而烦恼不安。实际上，这正是因为你信心不足，一旦获得信心，许多问题就将迎刃而解，而且能使你保持最佳状态，有助于激发你的潜能。自信是根魔棒，一旦你真正建立了自信，你将发现你整个人都会为之改观，气质会更加优秀，能力会更强，随之你的生活态度也将变得更乐观。

乔伊·吉拉德是吉尼斯世界推销纪录的创造者，他曾在一年中创造了平均每天销售四五部车的纪录。

他在应聘汽车推销员时，经理问他："你推销过汽车吗？"吉拉德回答："我没有推销过汽车，但我推销过日用品、家用电器，我能成功地推销它们，说明我能成功推销自己。我能将自己推销出去，自然也能将汽车推销出去。"因为顾客接受了你，看见你就喜欢，才会接受你的商品；如果顾客不接受你，见到你就讨厌，你的商品再好他们也不会喜欢。

如果说自信不一定会让你成功，那么丧失信心你一定会失败。

或许我们在生活中会遇到荆棘、挫折、失败，这时请不要怀疑自己的能力而被自卑感打倒，觉得生活痛苦、暗淡无光，而应恢复对自己的信心，这样思想上就会变得乐观、豁达，你的生活也将随之变得美好。不管遇到什么样的打击或失败，我们都要保持自信，因为只有这样，才使得失败只是一个偶然的挫折而已。

> 长期以来，人们一直认为要在4分钟内跑完1英里是件不可能的事。不过，在1954年5月6日，美国运动员班尼斯特打破了这个世界纪录。他是怎么做到的呢？每天早上起床后，他都会大声对自己说："我一定能在4分钟内跑完1英里。我一定能实现我的梦想。我一定能成功。"这样大喊一百遍，然后他在教练库里顿博士的指导下，进行艰苦的体能训练。终于，他以3分56秒6的成绩打破了1英里长跑的世界纪录。

自信不是在你得到之后才相信自己能得到，而是在你还没有得到之前，就相信自己一定能得到的一种信念。在现实生活中，当一件事被认为是不可能时，我们就会为不可能找到许多理由，例如，我的智商没有别人高、我吃不了苦、我天生记忆力差等，从而使这个不可能显得理所当然，也就自然不会采取积极有效的行动，最终的结果肯定是这件事真的成了不可能了。事实上，你必须要在没有人相信的时候，对自己深信不疑。一旦你退缩，就永远踏不出成功的脚步。因此你要慎下结论，去掉"不可能"的思想观念，相信凡事皆有可能，千万不要自我设限。

请记住一句话："一个人之所以失败，是因为他自己要失败；一个人之所以成功，是因为他自己要成功。"

成败在自己，埋怨别人只是徒劳

郑女士和崔女士同样在市场上经营服装生意，她们初入市场的时候，正赶上服装生意最不景气的季节，进来的服装卖不出去，可每天还要交房租和市场管理费，眼看着天天赔钱。这时郑女士动摇了，她以认赔3000元钱的价钱把服装精品屋兑了出去，并发誓从此不再做服装生意。而崔女士却不这样想。崔女士认真地分析了当时的情况，觉得赔钱是正常的，一是自己刚刚进入市场，没有经营经验，抓不住顾客的心理，当然应该交点学费；二是当时正赶上服装淡季，每年的这个季节，服装生意人也都不赚钱，只不过是因为他们会经营，能够维持收支平衡罢了。而且，崔女士对自己很有信心，知道自己适合做服装生意。果然，转过一个季节，崔女士的服装店开始赚钱了。三年以后，她已成为当地有名的服装生意人，每年有5万元的红利。而郑女士在三年内改行几次，都未成功，仍然穷困潦倒、一筹莫展。

　　什么是成功？仁者见仁，智者见智。千百年来，古今中外，许多哲人给予了许多答案。莎士比亚说："什么是成功？就是一个人为追求他的理想而不断获得道德、学识、才干去发展到能够利用机会，使人类社会前进一步的那种表现。"成功须对社会有益。伟业固然是成功，但平凡也是成功。一个人不论成功还是失败，都在于你自己，埋怨别人是无用的。

　　怎样才能走向人生的成功？每个人都有自己的认识，条条道路通罗马，但有些东西却是大家的共识：一是树立志向，一个人追求的目标越高，他的潜能挖掘得越快，成大业的可能性就越大；二是勤奋努力，只有坚持不懈地去追求，才能达到成功的目的；三是抓住机遇，机遇是可遇不可求的，并且只青睐于有准备的人；四是注重个人修养，大富大贵还需大德来支撑，没有德行的，难以走遍天下，更无法品尝成功的喜悦。

　　虽然"树立志向""勤奋努力""抓住机遇"和"注重修养"很重要，但真正决定成败的恰恰是你自己在这些方面的决定。也就是说，不论成功还是失败，都系于你自己。

　　成功是一种选择，你选择了奋斗和坚持就是选择了成功，而不作这个选择便是选择失败，所以失败也是一种选择。人生不过是一连串选择的过程。若想有一个成功的人生，我们就必须降低错误选择出现的几率，减少选择错误的风险，这需要预先明确你人生中想要的结果是什么。人生由许多选择组成。你到底是要成功还是要失败？要快乐还是要悲伤？要富裕还是要贫穷？一旦作出选择，你的人生就会开始改变。真正主宰我们人生的不是我们所遇到的事情，而是当时我们所作出的决定。

迈克尔·乔丹在9岁那年，从电视上看到了当时美国篮球队在奥运会上获得金杯时的画面，立刻跑进厨房对妈妈说："妈妈，我长大后也要像他们一样，一定要替国家拿个金杯回来！"当时他妈妈只是笑着应付他说："乔丹，祝你成功！"果然，乔丹在大学还没毕业的时候，就代表国家在奥运会上亲手拿到了奥运金杯。接着，他在34岁时便成为年薪3300万美元的超级运动员。在20世纪末时，他被评为20世纪顶尖的运动员。

乔丹9岁那一年，有多少人也在看着同样的奥运电视转播呢？而真正作出决定的，有几个人呢？你的人生取决于你所作的决定，不论成功或失败都是。不管你现在境遇如何，命运都将从你作出决定的那一刻开始改变。现在的你，是因为过去你作出的许多决定而产生的，未来的你会是什么样呢？那就要看你现在愿意作出什么样的决定了。只要你作出小小的决定，拿出一点点行动，长期坚持下来，你就真的会有所改变。你也许会说"我现在并不打算作任何决定"，但事实上你说这句话的本身就已经作出了决定，那就是你决定虚度人生，决定让你的命运随波逐流。

一次失败，只是证明
成功的决心不够大

哲学家苏格拉底曾对一位求学者说过一句名言：要想向我学知识，你必须先有强烈的求知欲望，就像你有强烈的求生欲望一样。追求成功亦是如此。要成功，必须先有强烈的成功欲望，就像我们有强烈的求生欲望一样。成功来源于我要，我要，我就能；我一定要，我就一定能。是决心，而不是环境在决定我们的成功。

"失败"有九百九十九个兄弟，"成功"却只有弟兄一个。失败为了不让人们找到成功，便把成功紧紧地围了起来。

有个勇敢的人，决心要找到成功，他坚持不懈地努力，夜以继日地寻找，找了九百九十九次，可是找到的都是失败。这时候，他已经很累了，坐下来休息时，那些围在他身边的失败兄弟，都来劝他说："朋友，别找了。在我们这里，谁不知道你是勇敢的人呢？"勇敢的人摇摇头，说："不行，我已经找了九百九十九次了，不管怎么样，我也要找到他。"

说完，他坚定地站起来，也就在这时，他才发现成功就站在自己的身边。他激动地紧紧抱住成功。成功笑着对他说道："勇敢的朋友，请你别太激动了，我还要为你庆功呢。""什么？为我庆功？"勇敢的人感到不解。"是的，为你庆功。"成功认真地说道，"因为生活只给勇敢者准备庆功的筵席。"

毅力是成功的先决条件。当你消极悲观时，等待你的只有失败。当失败不可避免时，失败也是伟大的。所有的胜利，与征服自己的胜利比起来，都是微不足道的；所有的失败，与失去自己的失败比起来，更是微不足道的。当我们遇上第一百次失败时，就要作好第一百零一次奋起的准备。因为一次失败，只是证明我们成功的决心还不够强。一次失败并不意味着你永不成功，更不意味着一生失败，崇高的山峰从不拒绝攀登者的脚步。通往成功的路是崎岖的，只要你勇于面对，坚持不懈地努力，明天的成功一定属于你。

大明在小时候得过小儿麻痹，一条腿又瘦又小，走路不太方便。在学校里，很多小朋友都爱欺负他，笑他是八仙里的"李铁拐"。大明心里觉得委屈，常常一个人躲在房间里哭泣。

有一天他又受了同学的气，把自己关在房里，不肯出来吃饭。爸爸知道后，就告诉他说："一个人将来有没有出息，不是取决于他的脚，而是取决于他的意志和决心。自己意志坚强、决心奋斗，再困难的挫折，也难不倒他呀。"爸爸又继续说："你想想看，一块黄金，会不会因为别人都说它是石头，它就变成石头呢？如果你有足够的决心和坚强的意志，就要使自己变成一块黄金，那么别人说你是石头，这又有什么关系呢？"

如果你的心中想到失败，你就失败了。如果你没有必胜的决心，你就绝无任何成就。纵使你想要得到胜利，只要脑海中浮现出"失败"的字眼，胜利便不会向你微笑。

我们发现：成功起源于人类的意志力，一切皆由人类的精神状态而决定。如果你想到落后，你就落后了。如果你想要晋升到最高职位，在取得胜利之前，必定要拥有"我一定做得到"的信念。所有最后获得胜利的人，都是坚信"我一定做得到"的人！

再难，也要迎难而上

楚国有个名叫次非的人，在一次游历时来到吴国干遂这个地方，得到了一柄非常锋利的宝剑，高高兴兴地回到楚国去。次非在返回楚国的途中要过一条大江，便乘船渡江。当渡江的小木船行到了江中心时，忽然从水底游来两条大蛟，异常凶猛地向这条小木船袭击过来，很快地从两边缠住渡船不放，情况非常危急，所有乘船过江的人都吓呆了。

这时，次非向摆渡的船夫问道："您在江上摇橹摆渡多年了，您曾经见到或听到过有两条大蛟缠住船不放而船上的人还能够活下去这种事情吗？"船夫回答说："我驾船渡江几十年，也不知送过多少人过江，不说没见到，还从来没有听说过有这样的事情而船上的人是没有危险的。"

次非想：如果不除掉这两条恶蛟的话，全船的人就会有生命危险。于是他立即脱去外衣，捋起衣袖，抽

出从吴国干遂得到的宝剑，对船上的人说："这两条大
蛟如此凶恶，也只不过是这江中一堆快要腐烂了的骨和
肉，还怕它干什么？为了保全船上所有人的性命，我
即使丢掉了这柄刚刚得到的上好宝剑，甚至是我个人的
生命，也没有什么可惜的。"说完，他就毫不犹豫地手
持宝剑跳到江中向缠住渡船不放的大蛟砍去。经过一场
紧张、激烈的人与恶蛟的争斗，次非挥剑斩了那两条大
蛟，从容不迫地上到船上来。就这样，次非斩除了两条
大蛟，保住了渡江的小木船，挽救了全船人的生命。

这个故事告诉我们：在危急存亡的关头，为着大众利益要挺身
而出、迎难而上，不要畏首畏尾、苟且偷安。

以培养杰出推销员而著称于世的美国布鲁斯学会，
每当学员毕业时，都会设计一道最能体现推销员能力的
题目，让学员去完成。在克林顿当政期间，他们出了
这么一个题目：请把一条三角裤推销给现任总统。8年
间，有无数个学员为此绞尽脑汁，但最后都无功而返。
在小布什总统任职时，布鲁斯学会把题目换成：请把一
把斧子推销给现任总统。

面对这道题目，许多学员知难而退。然而，一名
叫作乔治·赫伯特的学员却迎难而上。他给布什总统
写了一封信，他说："有一次我有幸参观您的农场，

发现里面长着许多天菊树，有的已经死掉，您一定需要一把斧头去砍掉它。现在我这儿正好有一把我祖父留给我的斧头，很适合您的体力去砍伐枯树，假如您有兴趣的话，请按这封信的地址给我汇15美元来。"他获得了成功，总统给他汇来了15美元。人们问他为什么敢于去做，他说，我了解到总统和他的农场的情况，所以我有这个信心。

你的心志就是你的主人。很多时候都是这样，我们一遇到困难，首先想到的就是命运不公，或者总觉得自己能力有限，于是选择逃避退缩。其实，只要再作一把努力，或许成功就在你的眼前，它需要的只是一点自信心，需要敢于迎难而上。

在现实生活中，不是因为有些事情难以做到，我们才失去自信；而是因为我们失去了自信，有些事情才难以做到。自信是生命的力量，自信可以让生命更有分量。

一个烈日炎炎的下午，一位饱受烈日暴晒之苦的人，汗流浃背地拎着两大盒领带，疲惫不堪地走在香港尖沙嘴旅游区的洋服店一带兜售。他已经辛苦地奔跑了一个下午，跑了十几家店铺，却毫无所获。当他又走进一家洋服店时，那个洋服店的老板正在十分殷勤地做一位客人的生意。他不知道别人在做生意时，是不准他人打扰的，便拎着领带走进了店里。洋服店的老板像见到瘟神一样，恶狠狠地大声吼叫着把他赶了出去。

他见到自己像要饭的乞丐一样遭人呵斥，被人驱赶，一种百感交集的酸楚涌上心头。没有人来抚慰他、帮助他，他以最快的速度擦去不断夺眶而出的热泪。但他没有半点退缩的余地，他独自舔着流血的伤口，依然重新展露出笑颜，继续走街串户兜售领带。由于他敢于面对现实，对事业有着锲而不舍的奋斗精神，最终他成了一个赢家。他就是海内外知名的领带大王，香港"金利来"集团主席曾宪梓。

任何一个成功的人在各种紧要关头，都具有临危不惧、不怕失败、顽强拼搏的精神，都能在最艰难的时候，不灰心丧气，并能不断地在失败中认真总结教训，迎难而上，化耻辱为动力，从而增加成功的机会。

握手成功，只需要你再多一点勤奋

生活中，有些人能轻松地获得成功，但是有些人费尽周折却只能取得一点点的成绩，于是出现了许多怨天尤人的人。其实成功不会眷顾某一个人，成功的机会是均等的，只是有些人抓不住机会，没有勇气去接触成功，所以自然无法取得成功。而那些成功的人，他们不会放过任何一个机会，即使遭遇挫折，他们也能在绝境中创造希望。成功厚爱那些敢于面对的、淡定从容的人，他们在苦难面前，依然无惧地选择继续向前。

有一个年轻的画家，不管他多么努力，他画出来的画总是没有人买。他看到大画家阿道夫·门采尔的画很受欢迎，便登门求教。他见到门采尔后，问："我往往会用一天不到的时间画好一幅画，但是要把它卖出去却要等上一年的时间，请问这是什么原因呢？"门采尔沉思了一下，对他说："请倒过来试试。"年轻人不解地问："倒过来？"门采尔说："对。倒过来。要是你花上一年的工夫去画，那么，只要一天的工夫就能卖掉它。"年轻人惊讶地叫出声来："一年才画一幅，这有多慢啊。"门采尔严肃地说："对。创作是艰巨的劳动，没有捷径可走的，试试吧，年轻人。"

年轻画家接受了门采尔的忠告，回去以后，开始练基本功，深入搜集资料，周密构思，用了近一年的时间画了一幅画。果然，不到一天，它就被卖掉了。

人们的每一次成功，都是背后无数次血汗的付出和勤学苦练的结果，急于求成只会导致一事无成。遵循成功的规律，自然就会成功。不幸的遭遇缠上了自己，很多时候根源其实就在于自己。因此，一个人身处逆境时，千万不要轻言放弃，不管前面的路程有多么遥远和艰辛，都不要忘了多问自己是否勤奋、节俭、有毅力，因为成功源于勤奋而非运气。

许多出身卑贱的人和家境贫寒的人，通过自己的辛勤劳动和执着追求，终于功成名就，成为出人头地的风云人物。这种极富教育意义的例子在历史与现实中比比皆是。

西尔维斯特·史泰龙于1946年7月6日出生于美国纽约的贫民区。小时候，他就表现出了与别人不同的叛逆和独立。在相同年龄的孩子们中间，他是少有的思想独立、桀骜不驯的人。小时父母离异，他成了孤儿，后被人收养。上学后，他并不爱学习，喜欢惹是生非，成为"问题学生"，直到他对电影和文学产生了强烈的兴趣，才感到学习其乐无穷。

史泰龙长大后到迈阿密大学学习戏剧表演，并尝试写剧本和小说。学业完成后，他回到纽约开始从事各种工作，尽管生活很困难，但他从没有放弃从影的梦想。自1971年起，他开始在不少影片中出演配角，但都没有引起人们的注意。史泰龙不想就这样放弃，在对自己的处境和特点作了认真的研究后，他知道唯有自己编剧并主演才能走上成功之路。

1976年，史泰龙根据生活的现实写出了剧本《洛奇》，剧本写出来后他找了很多人，别人总是以各种理由拒绝他，终于，有一家公司的制片人同意让他主演影片。这部仅用了两个月时间制作的低成本影片一经上映就引起了空前的轰动，创造了奇迹般的票房。史泰龙在这部影片中饰演的社会最底层的一个不甘失败、为自己的尊严勇斗强者、虽败犹荣的形象得到了人们的同情和认同。史泰龙也因为这部电影而一炮走红。此后他又接着自编自演自导了《洛奇》第二部、第三部，讲述了一个普通平凡的美国人经过自身奋斗而成功的故事。而他自己的经历也向世人证明了成功只有靠自己去创造。

此后，他又自编自演了《第一滴血》，讲述了一个从越南战役中归来的英雄回到祖国后受到现代社会的嘲笑和排挤，甚至无故被打，而不得不进行反抗的惊险故事。这部影片再次轰动美国，成为当年十大巨片之一。

史泰龙名利双收，并以洛奇和兰博两个角色奠定了他银幕铁汉英雄的形象。他的影片于20世纪80年代在中国上映，同样引起轰动。

进入20世纪90年代以来，国际动作惊险片大肆泛滥，这一时期出来很多动作明星。此时的史泰龙清楚地认识到，只有走出一种新的戏路，塑造出另一类型的英雄，才能吸引观众。他在《绝岭雄风》《时空特警》《炸弹专家》《特德法官》《龙出生天》等影片中都获得了成功。这一系列英雄形象各具特色，血肉丰满，从各方面证明了史泰龙出神入化的演技。这样的成绩也奠定了他在银幕上的地位。

人生一世，没有人是与生俱来的富贵命，大多数人在降临到这个世界上时，就注定要背负起这样或那样的磨难。人生就是一次旅行，一路上总会有磕磕碰碰，这个时候，艰辛和苦难其实就是旅途中不得不花的旅费，但是在旅途中，我们能收获很多。

人生遭遇挫折的时候可以将其当作是行程中的跋山涉水，而收获成功的时候应该将其看作是邂逅一个美丽的风景。我们不能总在某个风景胜地常住，住一阵之后，就该背起行囊去寻觅另一个佳境。

2005年的春节联欢晚会上，一支舞蹈感动了所有的中国人，而这个让所有人感动的节目的背后又有一个让

所有人感动的人——邰丽华。聋哑艺术家邰丽华创造的
是常人难以想象的奇迹。舞蹈，对于她来说，是儿时的
嬉戏，是精神的寄托，是感受这个世界的特定方式，
更是重新定位人生的砝码。她将自己变成一只旋转的
陀螺，24小时中除了吃饭和睡觉，其他时间都在练习舞
蹈。音乐是舞蹈的天然催化剂，正是靠着音乐的刺激，
舞蹈家们才将自己所有对音乐的感受，表现为躯体的流
动。对于处于无声世界的邰丽华来说，要让舞蹈和节拍
完全合上，唯一的方法就是记忆、重复、再记忆、再重
复。她用心去伴奏，用身体的舞蹈和心中的音乐去膜拜
生命。

　　1992年10月，意大利斯卡拉大剧院举办了被称为艺
术盛会的"无国界文明艺术节"，应邀演出的都是当时
世界上舞蹈界的超级明星。邰丽华作为唯一的残疾人舞
蹈家参加了演出。邰丽华以其"孔雀般的美丽、高洁与
轻灵"征服了不同肤色的观众。

对一个聋哑人来讲，将舞蹈艺术发挥到这种程度，她所依靠
的唯一的诀窍就是勤奋。在面对客观的缺陷与不可能跳舞的现实面
前，她可能也哭过、伤心过，但是最终她选择了淡定面对，继续努
力下去，并最终取得了成功。

　　一个人即使在起跑线上输给了别人，但是只要不认输、勤奋
刻苦、努力拼搏，在人生的终点也有赢的机会。面对人生的坎坷，

想不开的人会自暴自弃，而想得开的人就很清楚，自己是为经历这些风险而来的。人生只有勇于探险，才能不断地开拓新的眼界，才能发现更加迷人的风景，才能享受到一般人所不能领略的"化险为夷""夜尽天明""寒尽春回"等经历中的乐趣。

放手一搏，就能迎来柳暗花明

鸵鸟遇到危险时，会把头埋入草堆里，以为自己眼睛看不见就是安全。后来，心理学家将这种消极的心态称之为"鸵鸟心态"。事实上鸵鸟的两条腿很长，奔跑得很快，遇到危险的时候，其奔跑速度足以让其摆脱敌人的攻击，如果不是把头埋藏在草堆里坐以待毙的话，是可以躲避猛兽的攻击的。"鸵鸟心态"是一种"逃避现实而不敢放手一搏"的心理，是不敢面对问题的懦弱表现。

现代人面对压力大多会采取回避态度，明知问题即将发生也不去想对策，结果只会使问题更趋复杂、更难处理。就像鸵鸟被逼得走投无路时，就把头钻进沙子里，自以为安全，其实不然。殊不知，风险的存在是不以人的意志为转移的，你必须勇敢去面对，放手一搏，因为逃避不是办法，逃避责任的同时你很可能就丧失了取得成功的机会。

有位秀才第三次进京赶考，住在一个经常住的店里。考试前两天他做了三个梦，第一个梦是梦到自己在墙上种白菜；第二个梦是下雨天，他戴了斗笠还打伞；

第三个梦是梦到跟心爱的表妹脱去了衣服躺在一起，但却是背靠着背。这三个梦似乎有些深意，秀才第二天就赶紧去找算命的解梦。算命的一听，连拍大腿说："你还是回家吧。你想想，高墙上种菜不是白费劲吗？戴斗笠打雨伞不是多此一举吗？跟表妹躺在一张床上了，却背靠背，不是没戏吗？"秀才一听，心灰意冷，回店收拾包袱准备回家。店老板觉得非常奇怪，问："不是明天才考试吗，今天你怎么就回乡了？"秀才如此这般说了一番，店老板乐了："哟，我也会解梦的。我倒觉得，你这次一定要留下来。你想想，墙上种菜不是'高中'吗？戴斗笠打伞不是说明你这次有备无患吗？跟你表妹背靠背躺在床上，不是说明你翻身的时候就要到了吗？"秀才一听，认为更有道理，于是精神振奋地参加考试，居然中了个探花。

积极的人，像太阳，照到哪里哪里亮，所以总有光明照亮他们的出路；消极的人，像月亮，初一和十五总是不一样，每当遇到初一的黑暗时光，他们就看不到光明的出路了。这类人因害怕失败而不敢放手一搏，所以永远都不会成功。

华山原本在一家IT公司担任市场部经理，公司上一年的市场业绩不好，他因此丢了饭碗。华山说："我担任市场部经理这3年来，压力非常大，瘦了十多斤，还

得了高血压，但我并不想中途转换职业。"失去工作虽
然还不至于令华山感到恐慌，可是已经给了他一种急迫
感。他解释道："因为我们刚买房贷了款，我太太就失
业了，经济压力很大。"

华山找工作找了3个月，就有一家IT公司愿意聘用他
担任市场部经理，他认为自己相当幸运。华山说："工
作内容和以前差不多，但是新公司规模比较小，我想工
作压力应该比较容易控制。"但是，实际情况令他大失
所望。华山很快就发现，虽然这是个新环境，共事的人
也不相同，但自己还是一样快窒息了，好像被活埋在每
天的公文堆和工作会议中。他知道自己在新环境中还是
重复着以前的工作方式，也越来越清楚自己需要改变。

华山说："大家说我接下新工作还不到两年，连下
一个工作还没着落就辞职不干，简直是疯了。但是我觉
得如果再不赶紧脱身，放手一搏，整个人一定会爆炸。
纵身一跃时若不知道自己的落点会在何处，的确非常可
怕，不过浪费生命才是最令人害怕的事。"

没有日常工作的压力后华山开始思考，接下来几
年自己希望能拥有什么样的事业，喜欢的是什么样的
工作，想做的是什么样的事。"这次我要自己选择工
作。"华山说，"我在第一家公司当上市场部经理，纯
属侥幸。我原本是网页设计师，人力资源部门的主管对
我的表现很欣赏，下班后我们常常在一起，交情很好，

有一天市场部经理的职位空缺，他就要我接下这个职
务。"市场部经理的薪资以及担任主管的权威性，让华
山很心动，但其实他对管理的兴趣远不及网站设计。

华山终于了解到，带给他最大成就感的是创意，因此
他决定当一名自由工作者。"我也担心过这么做是否会被
人看成是失败者，不过我只犹豫了那么一分钟而已，因为
成功的生活方式需要作些调整。"出人意料的是，华山的
事业发展得非常顺利。他长久以来从未如此快乐过。比起
过去担任市场部经理时的状态，华山如今显得更健康、更
有成就感。他表示："大家都认为勇气就是咬紧牙关撑下
去，但是有时候真正该做的是勇于放弃。"

面对厌烦的工作，我们许多人感到很痛苦，又进退两难，是
应该咬紧牙关坚持下去，还是应该放手一搏，去寻求新的发展。许
多人就这样走着，越走感觉越不对劲，越走感觉越痛苦，越走感觉
成功的希望越渺茫，越迫切地感觉需要改变，但又害怕改变，他们
害怕失去既有的工作，害怕没有稳定的收入，害怕新工作中的许多
不确定因素。所以很多人即使强烈地向往从事某一个工作，即使明
确了自己适合做什么，但还是选择继续忍受厌烦的工作所带来的痛
苦，继续忍受郁闷的生活。其实这时候，不妨试试，放手一搏，也
许就能迎来柳暗花明。

我们一定要告诉自己，该放手的时候一定要放手搏一搏，努力
地坚持一下，也许成功就在自己的脚下！

只要你不放弃机会，
机会就不放弃你

　　天上不会掉馅饼，但会给人做馅饼的机会。每个人在现实生活中难免会遭遇挫折和失败，但只要不放弃任何一个可能扭转局面的机会，就有可能改变自己的命运，获得骄人的成绩。

　　20多年前，能缇董事长魏文珍还是个年轻小伙子，靠着向父亲借来的60万元台币创业建立能缇。20多年后，小伙子迈入中年，能缇更摇身一变，成为全球最大笔记型计算机散热片厂。谈到能缇"麻雀变凤凰"的关键，魏文珍坚定地说，秘诀只有一个："不放弃任何可能的机会。"

　　1990年，魏文珍刚从木栅高工模具科毕业，进入中和一家模具厂工作。当年，全球面临石油危机的冲击，有设备商滞销设备机具待售，魏文珍决定买下一套设备，上班一个月后离职创业。

　　"我父亲开理发店，剪一个头收50元台币。"魏文珍的父亲凑出60万元台币让他去买模具周边设备，并通过贷款买了一套600万元台币的CNC模具加工设备。魏文珍强调："当年的600万台币，是上班族10多年的薪水。"

　　魏文珍说："我父亲看到贷款金额，吓得说不出话来。与其说我有压力，不如说我父亲压力更大。"因为都向父亲借了款，所以魏文珍没有退路，只能选择拼命向前冲。

　　当年创业时，整个公司除了魏文珍之外，只有两个人。魏文珍不但兼当老板、会计、业务，还当产线工人，白天跑业务，晚上顾产线，每天只睡不到3小时。

　　20年前，台湾家庭小型加工厂林立，集中在三重、新庄与芦洲一带，魏文珍每天骑着机车到处跑客户。魏文珍说："有个客户，一年内我拜访了上百次，每次都不愿意给我订单，但是一年后，他愿意让我试试看。"能缇在他的努力下撑过了生死存亡的关头，半年后不再持续亏损，并跟着台湾经济持续发展、壮大。

　　对企业而言，每隔10年是一个重要关卡，能缇也不例外。在能缇成立8年后，当时某机壳大厂与品牌计算机大厂，有意赴墨西哥设厂，找做模具加工的能缇共同前往。

　　机会来了，但魏文珍选择留在台湾，并从原本的模具加工转向终端产品制造，带动能缇第一次转型，并赶上1999年的个人计算机业大成长潮。

不过，PC从上到下都有厂商卡位，能缇苦无机会，魏文珍把PC拆掉，与团队研究了很久，发现微处理器（CPU）的散热片，采用压铸铝挤型设计，若采用冲压，散热效率将大幅提升，但是却没有人愿意采用。

魏文珍一年内跑遍了所有的计算机厂商，但无人愿意采用，直到日本零件大厂——日本电产看到商机，导入索尼、NEC及富士通的PC产品设计，才打开商机。

魏文珍说："我从没想过要做到什么地步。"但是他不甘于安逸，因此会辞职而自行创业；10年前，他不继续做模具加工而转向制造产品；如今在NB产业成熟之际，他又不甘于只做NB散热片，而将战线延伸到了LED照明。

魏文珍没有放弃人生中的任何一个机会，最终取得了成功。机会对于我们每一个人来说，都是来之不易的，无论它多么微小，都值得一试。只有尝试才会有机会，放弃机会就等于放弃了成功的可能。

岛村产业公司及丸芳物产公司董事长岛村芳雄，当年背井离乡来到东京一家包装材料店当员工时，年薪很低，还要养活母亲和3个弟妹，因此时常囊空如洗。他回忆说："下班后，在无钱可花的情况下，我拥有的唯一乐趣，就是在街上走走，欣赏人家的服装和所提的东西。"

有一天，他在街上漫无目的地散步时，注意到女性们无论是花枝招展的小姐，还是徐娘半老的妇人，除了都拿着自己的皮包之外，还提着一个纸袋，这是买东西时商店送给她们装东西用的。他自言自语："嗯！这样提纸袋的人，最近越来越多了。"

之后，岛村的整个心思都是纸袋。两天后，他到一家跟商店有来往的纸袋工厂参观。果然，正如他所预料的，工厂忙得像发生火灾的现场一样。参观之后，他怦然心动，毅然决定无论如何非大干一番不可。

"将来纸袋一定会风行全国，做纸袋绳索的生意是错不了的。"身无分文的岛村虽然雄心勃勃，但却无从下手，因为他身无分文，所需的资金从哪儿来呢？他决定硬着头皮去各银行试一试。一到银行，他就把纸袋的使用前景、纸袋制作的技巧等讲得非常详细，但每一家银行听了他的打算后，都冷冷地不愿理睬他，甚至有的银行以对待疯子般的态度来对待他。

"我每天前去走动拜访，总有一天他们会改变主意的。"他如此想，决定把三井银行作为目标，连续不断地前去展开波状攻击。

然而，他近乎疯人般的热心，在三井银行也没有得到同情。起初态度冷冷淡淡连他的话都不愿意听的职员们，过了几天，对他蔑视的态度就逐渐表面化，终于耐不住厌烦地大发脾气，一看到他就怒目相视。有时他一来，大家就发出一阵哄笑来取笑他，有时干脆就把他赶出去。

皇天不负有心人，前后经过3个月，到第69次时，对方竟被他那煞费苦心、百折不挠的精神所感动，答应贷给他100万日元。当朋友和熟人知道他获得银行贷款100万日元后，纷纷过来帮忙，有的出资10万日元，有的贷款给他20万日元，就这样他很快就筹集了200万日元的资金。于是，岛村辞去了店员的工作，设立丸芳商会，开展纸袋业务，最终取得了令人瞩目的业绩。

想借钱，就要求人，求人是一件很没面子的事，有时还会遭遇尴尬的场面。所以，很多人因为面子问题，而放弃了一次又一次的大好时机，以致胡子一大把了，还碌碌无为。面子与事业两相比较，孰重孰轻，一目了然。只有那些在机会来临时，敢于舍弃面子张口向人借钱的人，才能顺利地抓住难得的机遇，抓住了机遇，也就抓住了财富。瞄上一个发财的机会，就不要放弃，执着地去做，每一个人都有可能成功。

第 5 章

渴望成功，
就需自身硬

人生就是一场赛跑，更多的时候
不是和别人较量，而是和自己较劲。当
你的能力还撑不起你的野心时，你就需
要拼命地提升自己的实力。除此之外，
任何的抱怨、不满、傲娇、矫情，都不
起任何作用。

只有正确认识自己，
我们才能少走弯路

每个人都是独一无二的。在这个世界上，从来未曾有过，也将永远不会有第二个你。你是地球上一个独特的、唯一的生物，这唯一性将赋予你极大的价值。因此，在这个世界上，我们应该真诚地热爱自己和认识自己。

做人，什么最重要呢？就是能认清你自己。认清自己才能做好取舍，给自己恰当定位。一个人能不能创造成功的人生，关键要看能不能正确认识自己、给自己恰当定位。认清别人难，认清自己更难。

认识自己，是走好人生的第一步。尼采曾经说过："聪明的人只要能认识自己，便什么也不会失去。"每个人都有自己的长处和短处，不可能无所不为。只有正确地认识自己，争取自己力所能及的，放下自己能力范围之外的，扬长避短、善于取舍，才能使自己充满自信，使人生的航船不迷失方向。

下面我们来看一位大学生求职之后的自我认识与感受：

大学毕业，找个好工作，对任何人来说都是件大事，我也不例外。念了十多年书，早就盼望着能找到一个施展自己才华的舞台。

我学的是空调专业，可大学期间我对自己的专业一直没有什么兴趣。五年来，我一直从事着各种不同的业余工作和兼职工作，从工人、服务员、推销员、秘书到夜总会舞台监督、心理咨询员……我觉得自己英语还不错，电脑操作也比较熟练，又有若干兼职的工作经验，相貌气质也不太差，于是，我抱着极大的希望，满怀信心地参加了人才招聘会。

由于自认为条件不错，我更钟情于外企，于是在场内上千的国内公司中，只挑着递出了几份简历，便直奔专门是外企招聘的展馆。

这里有不少世界闻名的大公司，广告也几乎全用英文书写，我心想：幸亏我的英语还不错。一家家展台走过去，我看着他们的应聘条件，越看越心凉，因为无论是技术人员还是管理人员，都至少需要2到3年的工作经验。我一边走，一边看着别人怎么求职。几乎每个展台前，人们都在用英语交流，其流利程度是我望尘莫及的。原来的张狂被我统统收了起来，也逐渐丧失了自信。

正当我心灰意冷时，一位小姐把一张宣传资料递到我面前，上面介绍的是美国的B公司。B公司从事的是策略咨询顾问业务，业务遍及世界各地，我特别想去试一下。于是，我拿出自己的英文简历，忐忑不安地等待着面试。几分钟后，一位面带微笑的男士坐在我的对面，他用英语问我为什么想来B公司，不知是心情紧张，还是对英语有些生疏，我开始没有完全听懂，只好硬着头皮请他重说一遍。他又让我举出一个自认为做得最成功的商业案例。天哪，我什么时候做过生意？他又让我谈谈工作中获益最大的事情，没等我说几句，他就很客气地打断了我的话：谢谢，如果聘用你，我们会在两周内与你联系。

出了展馆，我的心情很复杂，也很伤心，这个结果对一向很自信的我绝对是一个沉重的打击，同时也不禁对自己产生了怀疑：曾为之自豪的工作经历和英语水平都没有想象中分量那么重，那么，我的优势究竟在哪儿呢？我不禁对自己的能力和自信产生了怀疑。

这位大学生终于在现实面前真正认识了自己，这就说明认识自己不仅要通过自我感觉，还要通过其他方面来实现。

湖南卫视的知名主持人谢娜就是一个很好的例子。为了维持家用很小就出来打工的她曾经尝试过许多的职业，甚至还做过"跑龙套"的工作，但都很不如意，因为她只是一个相貌平凡的"川妹子"。但是她却很快地认识到自己有"青春活力"，有"丰富的娱乐细胞"，于是就将自己定位为娱乐主持。通过一番努力，如今的她已是《快乐大本营》黄金娱乐主持之一。

正确认识自己，还需要用一双发现美的眼睛去发掘自身的"闪光点"。每个人都有自己的优势，这一优势能为你指引前进的方向，而不至于南辕北辙。其实，正确认识自己不单单是要发现自己的优缺点，还要根据我们的"发现"来选择一条属于自己的道路，这才是成功的保障。

有人曾经做过一个实验：他往一个玻璃杯里放进一只跳蚤，发现跳蚤立即轻易地跳了出来。再重复几遍，结果还是一样。根据测试，跳蚤跳的高度一般可达它身体的400倍左右，所以跳蚤称得上是动物界的跳高冠军。

接下来实验者再次把这只跳蚤放进杯子里，不过这次是立即同时在杯上加一个玻璃盖，"嘣"的一声，跳蚤重重地撞在玻璃盖上。跳蚤十分困惑，但是它不会停下来，因为跳蚤的生活方式就是"跳"。一次次被撞，跳蚤开始变得聪明起来了，它开始根据盖子的高度来调整自己所跳的高度。过了一会儿，实验者发现这只跳蚤再也没有撞击到这个盖子，而是在盖子下面自由地跳动。一天后，实验者开始把盖子轻轻拿掉，跳蚤不知道盖子已经去掉了，它还是在原来的那个高度继续跳。

三天以后，他发现那只跳蚤还在那里跳。一周以后发现，这只可怜的跳蚤还在这个玻璃杯里不停地跳着——其实它已经无法跳出这个玻璃杯了。它从一个"跳"蚤变成了一个可悲的"爬"蚤！

现实生活中，是否有许多人也在过着这样的"跳蚤人生"呢？年轻时意气风发，屡屡去尝试成功，但是往往事与愿违，屡屡失败。几次失败以后，他们仍没有意识到要认真地进行自我剖析，反而一再抱怨这个世界的不公平，或是怀疑自己的能力。他们不是不惜一切代价去追求成功，而是一再地降低成功的标准。在他们的心里已经默认了一个"高度"，这个高度常常暗示自己的潜意识：成功是不可能的，是没有办法做到的。

一个人在自己的生活经历和社会遭遇中，如何认识自我，在心里如何描绘自我形象，也就是你认为自己是个什么样的人——成功或是失败的人，勇敢或是懦弱的人——将在很大程度上决定自己的命运。你可能渺小，也可能伟大，这都取决于你对自己的认识和评价，取决于你心态如何，取决于你能否正确认识自我。

就算没人为你鼓掌，
你也要懂得自我欣赏

美国著名的音乐家麦克约瑟说："你自己与自己的心交流，要赞美它，让它感到你对它的赏识，那时候它才会向你释放灵感。"一个人只有懂得欣赏自己，才会发现自己的与众不同，才能发挥自己的才能。与其站在高处眺望别人的背影，不如坐下来静静地想一想自己走过的每一个坚实的脚印，只要努力寻找，你就一定能发现自己的生活中亦有许多闪光点。值得注意的是，欣赏自己并不是傲视一切的孤芳自赏，也不是唯我独尊的狂妄。

一位叫亨利的青年，在他三十岁生日那天站在河边发呆，他不知道自己是否还有活下去的必要。因为亨利从小在收容院里长大，身材矮小，长相也不好，说话又带着浓厚的法国乡下口音，所以他一直很瞧不起自己，认为自己是一个又丑又笨的乡巴佬，连最普通的工作都不敢去应聘。就在亨利徘徊于生死之间的时候，与他一起在收容院长大的好朋友约翰兴冲冲地跑来对他说：

"亨利，告诉你一个好消息。我刚刚从收音机里听到一则消息，拿破仑曾经丢失了一个孙子。播音员描述的相貌特征，与你丝毫不差。""真的吗？我竟然是拿破仑的孙子？"亨利一下子精神大振。联想到爷爷曾经以矮小的身材指挥着千军万马，用带着泥土芳香的法语发出威严的命令，他顿感自己矮小的身材同样充满力量，讲话时的法国乡下口音也带着几分高贵和威严。

第二天一大早，亨利便满怀自信地来到一家大公司应聘。几十年后，已成为这家大公司总裁的亨利，查证出自己并非拿破仑的孙子，但这早已不重要了。在一次知名企业家的讲座上，曾有人向亨利提出一个问题："作为一名成功人士，您认为，在成功的诸多前提中，最重要的是什么？"亨利没有直接回答他的问题，而是讲了这个故事。最后，他说："接纳自己、欣赏自己，将所有的自卑全都抛到九霄云外，我认为，这就是成功最重要的前提。"

即使是一棵娇柔的小草，它也有嫩绿的气息；即使是一丝微风，它也能带来清凉的抚慰。大千世界，芸芸众生，每个人都是与众不同的。因此，学会欣赏自己、接纳自己，你就会感受到命运的公正无私。卡耐基说："发现你自己，你就是你。记住，地球上没有和你一样的人……在这个世界上，你是一种独特的存在。你只能以自己的方式歌唱，只能以自己的方式绘画。你是你的经验、你的环境、你的遗传造就的你。不论好坏与否，你只能耕耘自己的小园地；不论好坏与否，你只能在生命的乐章中奏出自己的发音符。"

　　张国荣在很多人的眼里是成功的人，但是很少有人知道在成功背后他所遭受的挫折。他用了8年的时间去磨炼自己的毅力。在2000年的演唱会上，他热情地对观众说："人最重要的是欣赏自己。"他在从事演艺事业的初期并不顺利，但是他一直没有放弃，而是坚持奋进，这体现了他"欣赏自己、坚信天生我材必有用、相信自己能做到更好"的信心。还有他那种坦然面对自我和他人，光明磊落的做事风格，都是非欣赏自己的人做不来的。

　　一个人想要被别人欣赏，首先应该学会欣赏自己。每个人在这个世上都是独一无二的，这个独特的"我"既有优点，也有不足。一个人只有充分地自我接纳，懂得欣赏自己，才能有良好的自我感觉，才能充满自信地与人交往，淡定地面对各种境遇，出色地发挥自己的才能和潜力。

　　不要抱怨自己并非生于富贵之家，也不要为自己波折的命运苦恼，人生一世最珍贵的就是历经别人所没有的，这样的成功才是属于自己的成功。

把自卑狠狠地踩在脚下

心理学认为，自卑是一种因过多地否定自我而产生的自惭形秽的情绪体验，其主要表现为对自己的能力、学识、品格等自身因素评价过低；心理承受能力差，经不起较强的刺激；谨小慎微，多愁善感，常产生猜疑心理；行为畏缩、瞻前顾后等。有人说自卑是每个人心中都存在的魔鬼，如果你控制得好，那么它就会帮你取得成功；如果你被魔鬼控制，那么你必然会被魔鬼所吞噬。

有位园丁，一天早晨，当他到花园里去的时候，发现所有的花草树木都枯萎凋谢了，园中呈现出一幅衰败的景象。他非常诧异，就问花园门口的一棵橡树：你们中间究竟出了什么事？后来他得知，橡树因为自怨没有松树那样高大挺拔，所以就生出厌世之心，不想活了；松树又恨自己不能像葡萄藤那样结果子而沮丧；葡萄藤也很伤心，因为它终日匍匐在地，不能直立，又不能像桃树那样绽放美丽的花朵；牵牛花也苦恼着，因为它自叹没有紫丁香那样芬芳。其余的树木也都有垂头丧气的理由，都埋怨自己不如别人，内心很自卑。这时，只有一棵小草长得青葱可爱。于是园丁问它："你为什么没有沮丧？"小草回答："我没有一丝的灰心和失望。我在此园中虽然算不上重要，但是我知道你需要一棵橡树、一棵松树，或者葡萄藤、桃树，或者牵牛花、紫丁香，你才去栽种它们；我知道你也需要我这棵小小的草，于是我就心满意足地去吸收阳光雨露，使自己天天成长。"

这个富有哲理性的故事告诉我们：世上没有十全十美的事物，不完美才是人生的真实和生活的真实，如果总以幻想中的"完美"来要求自己，那就永远走不出自卑的泥沼。

一个周末，卡耐基到乔治亚州的一个大学去演讲。在他结束演讲回到旅馆的时候，在电梯里碰到一个残疾人。他注意到这个看上去非常开心的人，两条腿都没有了，坐在一张放在电梯角落里的轮椅上。当电梯停在残疾人要去的那一层楼时，他很开心地问卡耐基是否可以往旁边让一下，让他转动他的椅子。"真对不起，"他说，"这样麻烦你。"卡耐基看到，这个残疾人在说这句话的时候，脸上带有一丝非常自信且温暖的微笑。

当卡耐基离开电梯回到房间之后，这个残疾人脸上的那种自信的微笑一直在他的眼前挥之不去。卡耐基相信，这种自信的后面一定有一个不平凡的故事。他决定去找他。那个残疾人就是班·福特森。

班·福特森是谁？他曾是美国乔治亚州政府秘书长。他不是一个身体健康的人，在他24岁那年，一次事故使他永远失去了双腿，因此只能靠轮椅行走。他靠自己的意志战胜厄运、自强不息的故事，在美国几乎家喻户晓。但是，即使在美国，也很少有人知道，正是这个人，给了成功学大师卡耐基巨大的人生启迪。

"事情发生在多年以前，"班·福特森微笑着告诉卡耐基，"我砍了一大堆胡桃木的枝干，准备做我的菜园里豆子的撑架。我把那些胡桃木装上车正准备开车回家，突然间，一根树枝滑到车上，卡在引擎里，恰好是在车子急转弯的时候。车子冲出路外，把我撞在树上。那年我才24岁，双腿被截肢了，从那以后就再也没有走过一步路。"

卡耐基问班·福特森："你怎么能够接受这个残酷的事实？"他说："我以前并不能这样。"他说他当时充满了愤恨和难过，抱怨自己的命运。可是时间仍一年年过去，他最后发现愤恨使他什么也做不成，只会产生对别人的恶劣态度。"我终于了解到，"他说，"大家对我都很好，很有礼貌，所以我至少应该做到的是，对别人也有礼貌。"卡耐基问班·福特森："经过了这么多年以后，你是否还觉得碰到那一次意外是一次很可怕的不幸？班·福特森很快地说："不会了。"他又接着说："我现在几乎很庆幸有过那一次事故。"他告诉卡耐基，当他克服了当时的震惊和悔恨之后，就生活在了一个完全不同的世界里。他开始看书，对好的文学作品产生了兴趣。在那以后的14年间，自己至少阅读了1400本书，这些书为他打开了一个崭新的世界，他的目光和思想一下子丰富多彩起来。他开始聆听很多音乐，以前让他觉得沉闷的伟大的交响曲，现在都能使他非常感动。最重要的是，他学会了思考。他说："我能让自己仔细地看看这个世界，有了真正的价值观念。我开始了解，以往我所追求的事情，大部分实际上一点价值也没有。"

任何一个了解班·福特森人生经历的人，都会从其经历中受益无穷。当一个人把自卑踩在脚下的时候，当一个人决定不再接受别人的怜悯的时候，当一个人决心要给他人带来微笑的时候，你自己也无法了解的潜藏在你内心深处的能量就爆发了。

只要你相信自己，不放弃，勇敢、乐观地去面对，一切苦难都不会把你打倒，挫折反而会让你变得更加坚强、更加强大，苦难会让你真正成为自己生命的主宰。

挫折是超越自我的契机

有人觉得自然界中大象的力气最大，因为它可以把大树连根拔起；也有人说是鲸鱼，因为它可以顶翻一艘远洋巨轮。其实，力气最大的是蚂蚁，它可以举起超越自身体重的东西，原因是别的动物都在想如何超越别人，而蚂蚁所超越的却是自己。

公园里，有两个大约两三岁的小孩子，一个戴着红帽子，一个穿着蓝鞋子。两个孩子的妈妈都站在孩子的正前方约10米处，正引导孩子走路，两个孩子也十分听话地在跟跟跄跄地走。走着走着，不知是巧合还是什么原因，两个孩子同时摔倒了，他俩的第一反应自然是大哭。哭了一阵子，孩子们的妈妈为了考验孩子，依旧稳如泰山地坐着。这时，两个孩子有了不同的反应：那个带红帽子的孩子，依旧趴在地上大哭；而那个穿蓝鞋子的孩子，用稚嫩的小手撑着地，使出了全身的力气，虽说是跌跌撞撞，但还是站起来了，迈着坚定的步伐扑向妈妈怀里。几天后，再看那两个孩子，那个曾经戴红帽子的孩子仍依偎在妈妈怀里，而那个曾经穿蓝鞋子的孩子却活蹦乱跳地在公园里穿梭。

挫折，其实是一种超越自我的跨栏，跨过去了就是冠军，跨不过去必然会失败。挫折只是成功乐曲中的一个音符，更是点燃蜡烛的火炬，没有它也就没有光明。人生路上因为有了挫折才变得更加美好，它磨炼了我们的意志，让我们懂得了坚强，懂得了如何超越自我。

一天，森林之王狮子来到了天神面前："天神呀，我要谢谢你赐给我如此雄壮威武的体格和无穷大的力气，让我有足够的能力统治这整座森林。"天神听了，微笑着说："我想你今天不是为这个来找我的吧，看上去你似乎正为了某事苦恼呢。"狮子轻轻叹了一声，说："天神真是无所不知呀，我一来你就知道我想要干什么。我的确是有事相求。因为即使我的能力再强，每天鸡鸣的时候，我也总是会被鸡鸣声给吓醒。我在这儿祈求您，能不能再赐给我一种力量，让我不再被鸡鸣声给吓醒。"天神笑道："你去找大象吧，它会给你一个满意的答复的。"

狮子兴冲冲地去湖边找大象，还没见到大象，就听到大象跺脚所发出的"砰砰"响声。狮子不知道发生了什么情况，加速地跑向大象，却看到大象正气呼呼地跺脚呢。狮子问大象："为什么你会发这么大的脾气呢？"大象拼命摇晃着大耳朵，吼着："有只讨厌的小蚊子，总想钻进我的耳朵里，害我都快痒死了。"狮子心里暗自想着："即使是体形巨大的大象，也会怕那么瘦小的蚊子，那我还有什么好抱怨的呢？毕竟鸡鸣也不过一天一次，而蚊子却是无时无刻不在骚扰着大象。这样想来，我可比大象幸运多了。"狮子离开了大象，心想："天神要我来看看大象的情况，应该就是想告诉我，谁都会遇上麻烦事，而它是无法帮助所有人的。既然如此，那我只好靠自己了。反正以后只要鸡鸣时，我就当作鸡是在提醒我该起床了，如此一想，鸡鸣声对我还算是有益处呢！"

一个失意的年轻人，去向一位大师请教。大师并没有说什么安慰的话，而是先用温水泡了一杯茶水，年轻人并没有品出茶的味道。大师又用开水泡了一杯茶水，年轻人喝了一口后立即品出了茶的味道。大师说："人生就如品茶，茶水要经过滚烫的开水沏泡后才有味儿，人生要通过经历挫折来磨炼自己的意志，才会更有意义。"人生在世，谁都会遇到挫折，适度的挫折具有一定的积极意义，它可以帮助人们驱走惰性，促使人奋进，超越自我。英国哲学家培根说过："超越自我的奇迹多是在对逆境的征服中出现的。"

　　著名作家杏林子很小的时候身体关节就有毛病，因此她需要经常躺在床上，无法做事。虽然她每天都躺着，但是她也渴望着有一天能像正常人一样，做自己爱做的事，于是她下定决心，不虚度此生，潇洒地活出自己的精彩。她尝试写作，竟发现从写作中找到了自我，这使她产生了向人生挑战的念头。她曾说，真正的残废是心死，而不是外在的残疾。这样好的开始，对她而言就是一种激励。有了初步的成功她便想超越自己，后来竟然创办了伊甸园基金会。

　　"天上下雨地上滑，自己跌倒自己爬。"一个人遇到困难不可怕，可怕的是遇到困难后自怨自艾，其实陷入困境的人最重要的是要有超越自我的勇气。把挑战当指南针，失败当试金石，勇敢地向自己挑战，超越自我。

　　超越自我是人生最难的事，但对美的追求或者憧憬却是一个人超越自我的不竭动力。有一位哲人曾这样说过，不是别人打倒你，而是你自己把自己打倒了，因为你缺乏超越自我的魄力和智慧。强者，不以挫折为羁绊，从挫折中吸取经验与教训，鞭策自己走出阴影，坚定信心，加倍努力，完善自我，在一次次挫折中使生命的意义得以升华。实际上，只要保持淡定，任何一个障碍都会成为一个超越自我的契机。

没有伞的孩子要靠自己奔跑

　　没有人的一生是顺风顺水的，总会遇到这样或那样的挫折、逆境。但不管遇到什么样的挫折、逆境，都不要怨天尤人，而应该淡然面对，这样才能取得成功。那些成功的人，也并非一帆风顺，他们也是在逆境中挣扎过来的，只不过他们比常人更勇于面对逆境，更懂得面对逆境。

　　张文出生于一个普通的农民家庭。小的时候，看到别的孩子穿好看的衣服他都很羡慕，而他却没有体面的衣服，也没有像样的玩具。每天，他早中晚都要往返回家，一天下来要走十几里的路，这对年幼的他来说，早已习以为常。下雨的时候，别人可以打着伞，悠闲地看"天街小雨润如酥"，他通常感觉是"一场秋雨一场凉"。尽管如此，但是他从不放弃，他坚信，没有雨伞的孩子，也一样能活得精彩。他认为，虽然无法选择家境的贫富，但是人应该相信自己的命运，相信未来是握在自己手里的。

也许你没有金钱、没有权力、没有背景，但是只要有坚持不懈的努力，执着地去追逐、去争取，就一定能在历尽艰辛之后看到雨后的彩虹。只要我们努力了，不管结果是不是能达到预期，我们都可以豪迈地对天空大喊一声"此生足以"。相信自己，没有什么不可能，只要你敢想，只要你肯为梦想去奔跑，你就是一个成功的"人"。成功会眷顾每一个肯努力的人、每一个锲而不舍的人。

山东高考状元蔡自强自幼家庭比较困难，父母为了供他上学在自家的院子和门前的空地盖了三间鸡棚，养起了鸡。人如其名，这个农村小伙子身上透露出来的懂事和聪明劲儿，让"自强"两个字得到了更好的诠释。

送鸡蛋，一天要奔波上百里。蔡自强的父亲由于患有腰椎间盘突出，不能从事重体力劳动，只能在滨州市内的一个小区当保安，母亲则在家照看这几个鸡棚。有一年春天，一场鸡病使鸡棚遭受了重大损失，多亏亲戚的帮扶，鸡棚才得以维持下来。而蔡自强的爷爷奶奶已经七十多岁了，身体不好，需要有人在家照顾。

懂事的蔡自强只要一在家，就会骑着电动三轮车帮母亲送鸡蛋，不管买主什么时候打电话，他都会及时送到。"忙起来的时候，我早上五六点钟起床，一直到晚上天黑才回来，一天能送四五趟鸡蛋，奔波上百里。"

蔡自强说。蔡自强考上北镇中学之后，班里多了很多学习好、家庭条件又好的学生，蔡自强不免会羡慕他们，但他并没有因此而产生自卑情绪，而是更加努力地学习。"家境不好，我更要加倍努力，有别人作为标尺，才会促使我更加努力地去学习，以改变自己的现状。上大学以后，我会更加好好学习，回报社会，实现自身的价值。"蔡自强说。

蔡自强最感激的就是他高一时候的班主任邢海龙老师。"有时候我比较贪玩，邢老师就非常着急，经常找我谈话。后来他不教我了，但我们还是经常谈话聊天，有时候生活费没有了，邢老师就先给我垫上。有一次，我上体育课摔着手，就是邢老师带我去的医院，打的、看病都是邢老师出的钱。"蔡自强说起自己曾经的班主任，心中满是感激。

蔡自强一直都是班干部，自立自强的他从来不会因为自己家庭条件不好而去埋怨什么。相反，他总是对妈妈说，还有更多家庭条件不好的同学需要帮助，他不是最差的那一个。高考结束之后，蔡自强焦急万分，光对答案就对了好几遍。成绩出来之后，蔡自强以633分的成绩考上了山东大学能源与动力工程学院。"我这次属于正常发挥，跟平时的成绩差不多。"蔡自强说。

"高三的时候，看到黑板上每天更新的倒计时，看到大家都在拼命学习，我就觉得自己压力很大。"蔡自强摸了摸头，有些腼腆地说。高三那段日子，除了白天在教室里学习之外，蔡自强每晚都会用小台灯在宿舍学到半夜。为了高考，他还放弃了自己最爱的篮球，只是偶尔去一趟篮球场。"上高三之后，我就很少去打篮球了，但还是会尽量抽出时间去玩一会儿，如果把所有时间都用在学习上也不行，得劳逸结合。"蔡自强说。

也许有人会说，成功离不开好的运气，因为俗话说"谋事在人，成事在天"。世间谋事的人很多，但是真正成功的人却少之又少。很多人不去努力争取自己的成功，而是想着天上会掉馅饼，往往这样的人都一事无成。想要成功的人首先要有勇气去面对，不论遇到什么挫折，身处怎样的逆境，都不能放弃。只有锲而不舍地坚持，才能迎来属于自己的胜利。即使没有外界的帮助，但是只要努力，也同样能得到成功的眷顾。

逆境是性格的试金石

人们经常发现，同处逆境，消极悲观者经受不住逆境的压力和打击，变得消沉、退缩；而积极乐观者却在逆境中奋起，表现得更坚强、更进取、更富有战斗力。如此巨大的反差究竟缘于何故？是内在心理活动不同之故。消极悲观者认为逆境不可改变，即使努力拼搏，也无济于事，于是就在逆境面前缩手缩足，不思进取；而积极乐观者则认为逆境可以改变，只要发奋图强，就可变逆境为顺境，于是在逆境面前大刀阔斧，勇于开拓。

由此看来，外部因素对性格形成的影响，首先取决于个体对自己与外部因素之间关系的认识，而这正是个体自我意识和动机等内在心理因素的问题。因此，自我意识和动机等内在心理因素与外部因素的深度整合便构成了某个人的性格特征。

曾有一位美国记者采访晚年的投资银行一代宗师摩根，问道："决定你成功的条件是什么？"摩根不假思索地说："性格。"记者再问："资金和资本哪个更重要？"摩根回答说："资本比资金更重要，但最重要的是性格。"由此可知，性格决定命运，一个人的性格在人的一生中起着至关重要的作用。

好的性格能屈能伸、知进知退，稳得住成功得意，也经得起挫折失败，赢得起也输得起。正是不同的性格可以让人成就不世之功，也可以让人功败垂成。

当著名的亚历山大图书馆在一次火灾中被毁之后，人们在废墟中发现了残存的一本书。可惜这本书没有任何学术价值，政府打算把这本书拍卖掉。由于大家都知道这本书学术价值不大，因此没有人打算买这本书。最终，一个穷学生以3个铜币的低价购得这本书。

这本书不但没有学术价值，内容也枯燥乏味。那名穷学生在少有其他书可读的情况下，还是经常把这本书拿出来翻阅。翻到后来，书被翻破了，书脊里掉出一张小纸条，上面写着试金石的秘密：试金石是能把任何金属变成纯金的一种小鹅卵石，它看起来和普通的鹅卵石没什么两样，静静地躺在沙滩上。然而，一般的鹅卵石较冷，只有试金石摸起来是温暖的。

穷学生获知这个秘密后，欣喜若狂，立即赶到大海边寻找试金石。他满怀信心地挑选着那些鹅卵石，可是那些石头摸起来都凉凉的。他渐渐地有些失望了，愤懑地把捡起来的每块凉凉的鹅卵石朝大海深处扔去。他就这样日复一日、年复一年地在海边扔鹅卵石，而且扔鹅卵石的力气越来越大，那些鹅卵石也被越扔越远。

多年后的一天，穷学生捡到一块温暖的鹅卵石。然而，他已经形成了到手就扔的习惯，当他意识到那是块温暖的鹅卵石时，那块传说中的试金石已经被他扔到深海中去了。他懊恼地潜到海底，寻找了许多天，还是找不到他扔出去的那块试金石。

穷学生终于失望了，他一无所获地回到首都。当时城里正在举行建国百年庆典，国王一时开心，摆擂台寻找全国力气最大的人，冠军可以封为伯爵，并获得大量黄金和良田的赏赐。穷学生想起这么多年在海边扔鹅卵石的经历，觉得机会来了。他随着众人去看热闹，看来看去，都觉得那些人没有自己的力气大。于是他上台去比试，结果把参赛者一个个打败，获得全国大力士冠军，得到了国王的赏赐。

穷学生变成了富裕而体面的伯爵，他感谢那本给他带来好运的书，决定把那本书重新装订并保存起来。他拆开书脊以便于重新装订，却在书脊里发现了夹藏的另一张纸条，上面写着"世界上没有真正的试金石，你对人生的态度就是试金石"。

真金不怕火炼。巴尔扎克在《人生格言》"逆境篇"中说："逆运不就是性格的试金石吗？""性格"就好比金子，而逆运就是测定这块金子是真还是假的石头。也就是说，如果一个人的性格坚强，那么他将会克服困难，走出逆境；如果一个人很脆弱，经不起考验，那么他将会永远停留在逆境中。这句格言虽短，但它有力地告诉我们：只有坚强、有毅力的人，才能经得起逆运的考验，成为强者。

　　原美国布朗大学校长、现任卡内基基金会主席瓦尔坦·格雷戈里安的童年十分不幸，在他6岁的时候，他的母亲便因病去世了，是他的祖母在伊朗的山区将他带大的。格雷戈里安的祖母也是一个很不幸的女人。由于战争和疾病，她失去了所有的孩子。虽然命运对她十分不公，但她却并未因此失去对生活的信心。为了让格雷戈里安从失去亲人的阴影中走出来，健康快乐地成长，祖母经常教导他说："孩子，有两件事一定要记牢：第一是命运，那是你无法控制的；第二是你的性格，那可是在你掌握之中的。你可以失去你的美丽，也可以失去你的健康和财富，但是你决不能失去你的性格，因为它是掌握在你自己手中的。"

　　祖母的这句话在格雷戈里安的成长道路上，起到了十分关键的作用。他认识到，在逆境中不可失去自己的性格。

逆境能够使人坚强，也会使人脆弱。从来没有人能在经历磨难后而毫无改变，只是有些人能超越它并站立起来，而有些人则会被逆境击垮。逆境可以改变人的性格。若个体长时间于安逸中度日，就会使人养成独善其身、自私、狭隘的性格，一旦遇到逆境，外界力量就会使个体难以与之抗衡。因此，我们需要在逆境中提升人格的力量，磨砺性格的力量，增强信念的力量，最后交织融合，升华自己生命的力量。

著名心理学家、哲学家威廉·詹姆士说："播下一个行动，你将收获一种习惯；播下一种习惯，你将收获一种性格；播下一种性格，你将收获一种命运。"所以，可以毫不夸张地说，成也性格，败也性格。有什么样的性格，就有什么样的人生。

塑造性格、优化性格能让人生更加成功。弗林西斯·培根曾说："性格决定命运，而人是自己性格的设计师和创造者。"我们每个人都应该主导自己的性格，成为驾驭自己性格的真正主人。培养起良好的性格，对个人、对社会都有着重要的意义。

走出懦弱，走进成功

懦弱的性格往往表现为胆小怕事、遇事退缩、缺乏勇气、意志薄弱、信心不足、不敢抗争、不敢提出正当的要求等。

在成功的道路上，有时候，怯懦心理也会成为一大障碍。当你去做一件事情的时候，如果畏缩不前、战战兢兢，这件事就不可能做好。比如，你去推销一种产品，当顾客来的时候，你却不知道向他介绍这种产品的好处，甚至也不知道应该让顾客全面地了解这种产品，这样的话，你怎么把产品推销给他？他怎么会来买你的产品呢？从政的人尤其不能怯懦。对于他们来说，上台演讲、在会议上发言，是三天两头儿都会遇到的事。如果是一个怯懦的人，他不敢上台演讲，也不敢在会议上发言，那他怎么从政？他恐怕一辈子都当不了领导，当不了干部。所以，怯懦心理是阻碍人成功的一块绊脚石。

在我们生活的周围，常常有怯懦的人，他们庸庸碌碌、忍辱负重地生活着，不敢抱怨，不敢抬头做人。

有一个中年男人，他已经40岁了，而在他40年的人

生中，竟从未大声说过一句话。他见人就脸红，遇事要
躲避，可以说是一个彻头彻尾的怯懦的人。他就这样畏
畏缩缩地活了40年。幸好这40年风平浪静，要是出了什
么事，你该怎么办？他的妻子老这么说他。而他，面对
这样的诘难，也总是哈哈一笑了事。其实，人生在世，
哪会碰不到什么事呢？这个中年人，要娶妻，要生子，
要做自己的工作。在自己的工作中，也总会有这样那样
的事儿。

那么，这个中年人是怎么过来的呢？先说他的工
作，他干的是一个国营公司的出纳。那个国营公司长年
亏本，一直是靠国家拨款维持着的，所以，他们也没有
什么额外的收入，只是靠国家拨下来的那点工资活着。
国家拨下来的工资是不多的，所以，长年以来，他倒既
没有出什么事，也没遇到什么事，从20岁干起，平安地
干了20年。

再说他的婚姻。在他24岁的时候，他看到跟他同
龄的同事们纷纷结婚生子，而他还是孑然一身，也有些
着急，但也只是心里着急而已，并没有特别的焦虑。
不是他不想娶妻，而是他不敢面对女人。他看见女人就
怕，就脸红。他的父母很焦虑，因为一晃，他就要30岁
了。他的父母经过努力，托人给他介绍了一个农村来的
姑娘。这个农村姑娘在城里打工，人长得水灵灵的，也
活泼可爱。像这样的姑娘，按理说是不会嫁给像这样木

讷、怯懦的男人的，可是，她却有一个想留在城里的目标。为了这个目标，她只能嫁给一个城里人。

后来，他们的孩子出生了。孩子出生以后，他的麻烦应该来了吧？这个怯懦的人、见人就脸红的人、不会说话的人，会怎么来应付接踵而至的麻烦呢？先是孩子的入托问题。要入托儿所，就要跟人打交道。你得让孩子入一个好一点的托儿所吧，你得拜托阿姨们，让她们好好照顾你的孩子。这对这个怯懦的男人来说，真是一个天大的麻烦事儿。他平时对人说话都会脸红，要他去和那些他不认识的托儿所的人打交道，这不是太为难他了吗？他要出马的话，能把事儿办下来吗？幸好，他勤劳的妻子提出，她暂时不外出打工了，自己来照顾孩子。这样，收入虽然少一点，但照顾孩子的问题就能解决了。再后来，由于他实在没用，怯懦得根本不能办成任何事情，他们的儿子只上了普通中学，到后来也没有考上大学。

当然，像他这样的人，在我们的社会中着实不少。但是，如果想有一番作为，我们就必须战胜懦弱，因为懦弱是成功的天敌，战胜懦弱就将勇敢无畏。

张进，1982年考入北方交通大学物资系；1989年获得本校的硕士学位，留校任教；1995年因工作表现出色，被公派到德国攻读博士学位。

张进是那个年代并不多见的独生子女，他身居城镇，家庭条件相对较好，但与当前的独生子女境遇不同的是：他的父母张启君夫妇从不溺爱孩子，也不刻意地为他创造特别好的环境。相反，他们教育孩子自识是一个平凡人，不能看不起别人，轻视他人就是轻视自己。每当家里有农村的客人来时，都要他热情接待，有同龄人在场时，还要求他把自己的东西分给大家，让他从小养成热情大方的待人接物习惯。因而张进从小到大，无论谁要他帮忙，他总会尽力而为，即使获得了许多殊荣后，也没有高人一等的想法，因此与周围的人相处得很和谐，别人也总乐意帮他的忙。

小时候，张启君夫妇有意地让张进独立，给予他充分自由的空间，他13岁时就一人前往江西探望外婆。第一次高考落榜后，张进选择到远离父母的湖州二中参加高考复习。在复习期间，从学习到生活，全靠他自己。独立的环境锻炼了他自我调节的能力，也能静下心来备考。在张进的求学过程中，身为教育工作者的父母从不擅自为孩子购买参考书，而是把选择权交给孩子，让他自己决定买不买、买什么。在生活上，他们很注重锻炼儿子的自理能力，力所能及的事从不代劳。他们也尊重儿子的意见，从不刻意要求儿子做什么，而只为儿子把握方向。

从小，张启君便告诫儿子："学习来不得半点虚假和运气，有几分苦，就有几分收获。"对于儿子的成绩，他从不严厉苛求，只要是认真得来的，都应该得到肯定。最不可原谅的不是努力了没有成功，而是投机取巧。

当年，儿子高考落榜，特别是第二次高考落榜的沉痛事实对张启君一家打击很大。身为一校之长的他确实很难过，亲戚朋友也总有一种异样的感觉，母亲更是多次潜然泪下，高考失败的阴影笼罩着这个家庭。张启君夫妇接受了这样的事实，他们立即与张进的老师和周围的同学取得联系，热情地邀请他们来家里座谈，总结分析张进两次失败的原因。他们耐心地鼓励儿子、开导儿子，单独与儿子长谈，并在肯定第二次高考相对第一次高考进步的前提下，帮助他分析失败的原因，并明确表态父母将继续支持他的拼搏，鼓励他脚踏实地地继续努力，有一份劲使一份力，挖掘自己的潜力，并教育他不要过分看重结果，要珍惜奋斗的过程。正是这种求实的教育，使张进一次又一次保持冲劲而不懈怠，终于一举考上了重点大学。也正是这种求实的态度使他成为大学里有口皆碑的好学生，在德国留学期间，他又依靠勤奋取得了第一名的好成绩。

张进的成功得益于他在父母的帮助下，摆脱了高考失利的阴影，坦然地面对自己所遇到的挫折，并在这挫折中形成了百折不挠的精神品质。

事实上，对于孩子来说，胆怯、懦弱是普遍存在的。美国斯坦福大学心理学家菲利普·津巴多在20世纪的七八十年代对近万人的调查中发现，大约有40％的人认为自己胆怯、腼腆。胆怯有许多表现形式，如公共场所胆怯、社交胆怯、特定情境胆怯等。

每个孩子都会遇到许多麻烦，在面对困难和挫折的时候，胆小懦弱的孩子往往缺乏坚强的意志；坚强勇敢的孩子则能够做到持之以恒，凭借自己的意志，战胜困难和挫折，越过障碍，从而取得成功。

因此，明智的父母们应该从小就重视培养孩子坚强的品质，从而让孩子在以后的人生道路上能够坚强地走得顺顺利利。

发挥自身潜能，做最好的自己

人生来就具备一种特殊的能力，它是隐秘地潜藏在人体内的，我们称之为"潜能"。潜能是人类最大而又开发得最少的宝藏，犹如一座待开发的金矿，蕴藏着无穷的价值。无数事实和许多专家的研究成果告诉我们：每个人身上都有巨大的潜能还没有开发出来，一般人只使用了大约10%的大脑功能，有90%以上处于休眠状态，连最善于使用大脑的爱因斯坦也只使用了大脑潜能的30%。任何一个大脑健康的人与一个伟大的科学家之间，都没有不可跨越的鸿沟，成功者之所以成功，根本原因是其最大程度地开发了自身无穷无尽的潜能。只要你抱着积极的心态去开发你的潜能，你同样会拥有用不完的能量，你的能力也会越用越强。

一位农夫在谷仓前面注视着一辆轻型卡车快速地开过他的土地，他14岁的儿子正开着这辆车。由于年纪尚小，他还不够资格考驾驶执照，但是，他对汽车很着迷，他似乎已经能够操纵一辆车子了，因此农夫就准许他在农场里开这辆客货两用车，但是不准上外面的路。

167

突然间，农夫眼看着汽车要翻到水沟里去，他大为惊慌，急忙跑到出事地点。他看到沟里有水，而他的儿子被压在车子下面，躺在那里，只有头的一部分露出水面。这位农夫并不很高大，身高只有170公分，体重只有70公斤。这位农夫毫不犹豫地跳进水沟，把双手伸到车下，把车子抬了起来，足以让另一位跑来援助的工人把他失去知觉的儿子从下面拽出来。当地的医生很快赶来了，给男孩检查了一遍，只有一点皮肉伤需要治疗，其他毫无损伤。这个时候，农夫开始觉得奇怪起来，刚才他去抬车子的时候根本没有停下来想一想自己是不是抬得动，由于好奇，他就又试了一次，结果根本就动不了那辆车子。医生说这是奇迹，当身体机能对紧急状况产生反应时，肾上腺就大量分泌出激素，传到整个身体，产生出额外的能量。

农夫在危急情况下产生一种超常的力量，这并不仅是肉体的反应，它还涉及到心智的精神的力量。当他看到自己的儿子可能要淹死的时候，他的心智反应是要去救儿子，一心只想把压着儿子的卡车抬起来，而没有其他的想法，可以说是精神上的肾上腺引发出潜在的力量。安东尼·罗宾指出，人处于绝境或遇到危险的时候，往往会发挥出不寻常的能力。人没有退路，就会产生一股"爆发力"（这个农夫抬起汽车就属于"爆发力"），这种爆发力即潜能。

一位已被医生确定为残疾的美国人，名叫梅尔龙，靠轮椅代步已12年。他的身体原本很健康，19岁那年，他赴越南打仗，被流弹打伤了背部的下半截，被送回美国医治，经过治疗，他虽然逐渐康复，却无法行走了。

他整天坐轮椅，觉得此生已经完结，有时就借酒消愁。有一天，他从酒馆出来，照常坐轮椅回家，却碰上三个劫匪，动手抢他的钱包。他拼命呐喊、拼命抵抗，却触怒了劫匪，他们竟然放火烧他的轮椅。轮椅突然着火，这时的梅尔龙忘记了自己是残疾，他拼命逃走，竟然一口气跑完了一条街。事后，梅尔龙说："如果当时我不逃走，就必然被烧伤，甚至被烧死。我忘了一切，一跃而起，拼命逃跑，及至停下脚步，才发觉自己能够走动了。"现在，梅尔龙已在奥马哈城找到一份工作，他已身体健康，与常人一样走动。

这个世界上没有什么不可能的事情，只要你肯充分发挥自己的潜力，敢去做别人认为不能做、不可能做的事，你就成功了60%。总喜欢说"不可能"的人，必定是一个失败之人，因为他在做任何事情之前，首先想到的是失败的后果，根本没想到要充分运用自己的潜能。这样，他在做事的过程中，就会不断地寻找各种困难作为放弃的理由，直至将本来有可能的事情，变得完全没有可能。

奥里森·马登说过：我们大多数人的体内都潜藏着巨大的才能，但这种潜能酣睡着，一旦被激发，便能作出惊人的事业来。人固有的惰性，使人很少能自觉地发掘潜能，真正的潜能迸发常常源自客观环境的逼迫。

在二战期间，一艘美国驱逐舰停泊在某国的港湾，那天晚上明月高照，一片宁静。一名士兵照例巡视全舰，突然停下脚步站立不动，他看到一个乌黑的大东西在不远的水上浮动着。他惊骇地看出那是一枚触发水雷，可能是从一处雷区脱离出来的，正随着退潮慢慢向着舰身中央漂来。

他抓起舰内的通讯电话机，通知了值日官，而值日官马上快步跑来。他们又很快地通知了舰长，并且发出全舰戒备讯号，全舰立即动员了起来。

官兵都愕然地注视着那枚慢慢漂近的水雷，大家都很清楚眼前的状况——灾难即将来临。

军官立刻提出各种办法。他们该起锚走吗？不行，没有足够的时间。发动引擎使水雷漂离开？不行，因为螺旋桨转动只会使水雷更快地漂向舰身。以枪炮引发水雷？也不行，因为那枚水雷太接近舰里面的弹药库。那么该怎么办呢？放下一只小艇，用一支长杆把水雷携走？这也不行，因为那是一枚触发水雷，同时也没有时间去拆下水雷的雷管。悲剧似乎是没有办法避免了。

突然，一名水兵想出了比所有军官所能想的更好的办法。"把消防水管拿来。"他大喊着。大家立刻明白这个办法有道理。他们向艇和水雷之间的海面喷水，制造一条水流，把水雷带向远方，然后再用舰炮引炸了水雷。

这位水兵真是了不起。他当然很不平凡——但是他确实只是个凡人，不过他却具有在危急状况下冷静而正确思考的能力。我们每一个人的身体内部都有这种天赋的能力，也就是说，我们每一个人都有创造的潜能。

上天绝不会亏待任何一个人，上天会给我们每个人无穷无尽的机会去充分发挥所长。只要我们能将潜能发挥得当，我们也能成为爱因斯坦，也能成为爱迪生。无论别人对我们评价如何，无论我们年纪有多大，无论我们面前有多大阻力，只要我们相信自己，相信自己的潜能，我们就能有所成就。

事实上，世界本来就属于我们，我们只要抹去身上的灰尘，无限的潜能就会像原子反应堆里的原子那样充分发挥出来，我们就一定会有所作为，创造奇迹。

第 6 章

在最艰难的日子，
能支撑你的只有自己

在取得成功之前的每一天，都是最难熬的日子。有那么一瞬间，很多人会觉得就要撑不下去了，随时准备放弃了。要知道这些难熬的日子，不管多辛苦、多难过，始终还是要靠你自己撑过来，没人可以帮你，只有自己才是最可依靠的。

奇迹从逆境中出现

人生道路风雨变幻，有的人在逆境中消失，有的人在逆境中得到磨炼，还有的人在逆境中创造奇迹。能够在逆境中成长的人，永远都是生活的强者。

1985年，法国科学家发现蚂蚁能救火，后来这一发现在一位英国的动物学家的两个实验中得到了证实。第一次，科学家将一盘点燃的蚊香放进蚁巢，开始时，蚂蚁们惊恐万分，但20秒钟后，蚂蚁们开始灭火，虽然死伤了很多"勇士"，但凭着团结的力量和顽强的毅力，蚂蚁们将火扑灭了。

一个月后，科学家又把点燃的蜡烛放进蚁巢，尽管这次"火灾"更严重，但有了经验的蚂蚁们迅速调兵遣将，有条不紊地又一次将火扑灭，以坚强的毅力战胜困难，创造了奇迹。

我们印象中的蚂蚁是那么渺小，但读到这里，我们就不得不对它们刮目相看、肃然起敬。多么有灵性的小生命啊，它们在面临灭顶之灾时，努力挽救自己，丝毫不退缩。面对逆境不退缩、不动摇的坚强意志是战胜一切困境的力量。

在人们对1992年第25届巴塞罗那奥运会的记忆里，一定有一位"女飞人"的身影，她就是在逆境中创造奇迹的美国田径运动员德弗斯。

1990年9月，当时25岁的德弗斯被确诊患了突眼性甲状腺肿大。放射性治疗曾使她双脚肿胀、出血，连路都走不了。后来她被医生告知，如果她晚来两天治疗的话，他们就只有锯掉她的双脚，来保全其性命了。

就是在这样的困境中，德弗斯一面接受治疗一面进行适当的训练。18个月后，在巴塞罗那奥运会女子100米决赛中，第二道的德弗斯以极其微弱的优势，奇迹般地赢得了100米决赛的金牌。

当时，勇敢的德弗斯被人称为"从坟墓里爬出来的冠军"。她凭着战胜自我的顽强精神，创造了体坛的奇迹。

一个平凡人能成为一个领域的英雄或者成为一个时代的英雄，是挫折和磨难使然，因为英雄和平凡人的区别就在于：英雄在逆境中抓住了机遇，从而创造出奇迹；而平凡人在逆境中选择了随波逐流，在绝境中选择了放弃。

唐代大诗人，被后世称为"诗圣"的杜甫，一生在艰难坎坷、颠沛流离中度过，这使他更深刻地认识到广大人民的痛苦和不幸，于是忧国忧民、胸怀苍生的他写出了著名的"三吏""三别"等诗篇，被誉为"诗史"，代表着唐代现实主义文学的最高成就。

可见，逆境本身并不是一种灾难，只要我们不屈从于逆境，它就会成为我们向上攀登的阶梯，"河出潼关，因有太华抵抗，而水益增其奔猛；风回三峡，因有巫山为隔，而风力益增其怒号"。

逆境常常会在你饱受磨难之后送给你一件丰厚的礼物，这礼物是珍贵的，足以抵得上你所遭遇的那些磨难。司马迁因遭李陵之祸，被处宫刑，受到人生最大的屈辱。可是，他奋发努力，经过15年的辛勤努力，终于写成了《史记》，为国家和民族作出了贡献。屈原如果没有被逐的苦难经历，也就不会有千古绝唱《离骚》的诞生。"奇迹总在厄运中出现"，培根的这句至理名言同孙子"以迂为直，以患为利"的思想一样，给我们留下了一个思考的空间。伟人之所以伟大，关键在于：当他与别人共处逆境时，别人失去理智，他则下决心实现自己的目标。

道尔顿是英国杰出的化学家、物理学家，他出身贫寒，生活条件恶劣，但他并没有因此而自暴自弃，15岁时便离开家乡自谋生路。在给一个学校校长当助理的12年里，他一边工作，一边读书，写下了"午夜

方眠，黎明即起"的座右铭以激励自己。经过艰苦的
努力，他积累了大量的科学知识，28岁时发现了气体
分压定律，创立了倍比定律和"道尔顿原子学说"，
提出了原子量表。他的杰出贡献，被恩格斯高度赞扬
为"近代化学之父"。

假如道尔顿没有远大的志向，而沉沦于自己家庭的不幸之中，
我们岂不是会失去一个为世界人民作出杰出贡献的奇才？是这样一
段经历，一段逆境的经历，成就了一个伟人。

古人云："天下有大勇者，骤然临之而不惊，无故加之而不
怒。"大勇者所具有的处事不惊的本事，并非是与生俱来的，而是
通过家庭的教育与后天的磨炼得来的。可以说，在任何人的成长道
路上，都或多或少会有一段暗淡的岁月，面对残酷的现实，只有不
屈不挠，才能坚持到光明的时刻。

人生的道路不是一帆风顺的，任何目标的实现，都不能一蹴而
就。我们要学会迎合逆境，乃至将逆境转化为另一种方式的动力。
我们前进，我们无畏，我们奋斗，我们不屈，我们用执着和坚持在
逆境中飞扬，在逆境中创造奇迹！

只要拼搏，希望就不远离

也许你正在风雨中，体味着拼搏的辛苦；也许你正在彩虹下，享受着拼搏后的喜悦。有句话说得好："三分天注定，七分靠打拼，爱拼才会赢。"从古至今，经过拼搏成就伟业的人不胜枚举，我们从其成功的背后，看到的是拼搏、是奋斗、是汗水。是啊，"不经一番寒彻骨，怎得梅花扑鼻香"？

跳水名将伏明霞在为亚特兰大奥运会作准备时，大大小小的伤出现在她的身上，但是，顽强的拼搏精神驱使着她，坚强的斗志激励着她，因此，她把一切都抛诸脑后，带伤训练。正是因为有了这种拼搏精神，才使她取得了成功。由此可见，拼搏精神是一个人成功的主要因素，没有了拼搏精神，这个人就很难有一番成就。

徐霞客顽强，不怕危险，一生在外游览40余年，写成了巨著《徐霞客游记》，为后人留下了宝贵的地理资料。显而易见，要想成功，就要有敢于拼搏、勇于挑战的精神。

人生之路，充满坎坷，因此，我们就更需要勇战人生，让生命在拼搏中绽放光彩。

很久以前，有一位富有的老人，死后留下两个儿子。兄弟俩按照印度传统的风俗，同住在一个屋檐下好一阵子。时日一久，他们开始有争吵，于是决定要分家，将所有家产平均分配，以各取一半的方式处理家当。当兄弟俩都均分好后，他们发现了一包被父亲仔细收藏的东西，打开后发现是两枚戒指，一枚上面镶有一颗值钱的钻石，另一枚则是价值仅约数卢比的普通银戒指。

一看到钻戒，哥哥立刻就起了贪念，于是告诉弟弟说："我判断这枚钻戒不是父亲自己挣来的，想必是祖先留下的传家宝，这是父亲之所以将其另外收藏的原因。既然是代代相传的传家之宝，就应该继续传下去。我是长子，自然应由我保存，而你就拿那只银戒指吧。"弟弟笑着说："好的。我很高兴有银戒指，但愿钻戒能使你快乐。"两人分别将戒指戴上手指，就各自回去了。

弟弟回家后心想："父亲保存钻戒的理由是可以理解的，但保存这枚不值钱的银戒指又是什么道理呢？"于是他仔细检视这枚银戒指，发现上面刻了几个字：这也将会改变。"喔，这一定是父亲留下的箴言了'这也将会改变'。"他将这枚戒指戴在手指上。

兄弟俩后来的人生际遇大不相同。遇到顺境时，哥哥变得趾高气扬，丧失了心态的平衡；遇到逆境时，则变得极度沮丧，同样没有保持心态的平衡。他变得容易紧张，得了高血压；晚上失眠，开始服用安眠药、镇静剂、强效药，到最后甚至需要使用电击治疗。这就是取走钻戒的哥哥。

至于那位戴着银戒指的弟弟，当好运来临时，他尽情享受，不去刻意躲避。当享有好运时，他会看着戒指心想："这也将会改变。"当好运改变时，他笑着说："嗯，我早知道它终究会改变，果然改变了，没有什么好担心的。"当遇到逆境时，他同样看着戒指心想："这也将会改变。"他知道逆境也将会改变，所以没有悲伤痛苦。果然，逆境改变了，过去了。他体会到人生中各种际遇不是永久不变的，所有事物生起之后，必定消失。他没有失去心态的平衡，因此终其一生都过着安详快乐的生活。这就是分得银戒指的弟弟。

为什么有的人无论道路如何艰难崎岖，仍能奋斗不息，而另外一些人则会被所遭遇到的小小逆境而折断了梦想的翅膀呢？为什么在相同的智力、资本和机遇的条件下，有的人能够克服困难，把握机会，获得成功，而有的人却一事无成呢？是天生的禀赋造就的，还是后天的环境影响所致呢？陶行知就说过："逆境使人奋斗。"原本如同稀泥般的石墨，只有承受几十万个大气压，在强热与催化剂的作用下，才能变成璀璨夺目、坚硬无比的金刚石。逆境的作用也正如此，它使人不敢苟安于现状，只能努力拼搏，改变人生。

　　或许，我们不是最优秀的，我们的人生缺少天赋，但我们曾经为自己奋斗过。很多时候，过程比结果更重要，是你的努力让你的人生不再虚度，是你人生的经历让你更加成熟。于是，我们在人生这张大白纸上留下了拼搏。或许，我们不是最美丽的，我们的人生缺少关注，但我们可以努力让自己变得善良。善良是心灵的窗口，是你的善良为你赢得了友谊，是你的善良让你的世界更加充实。于是，拼搏留在了我们心中。

　　人生是自己的，命运由自己掌握。农民伯伯将汗水撒在了田野里，养活了一方儿女；老师们将汗水撒在了学校中，培养了一代又一代栋梁之才；工人们将汗水撒在了他们的工作岗位上，推动了社会的发展，才有了今天的生活。我们生活在世界的各个角落，谁说我们平凡，我们只是默默无闻，我们撒下汗水，留下拼搏的痕迹。

　　拼搏，这是个充满了激情、气势与坚定的词。珍惜它，就可以使我们的生活变得完美；坚信它，就可以使我们的人生变得精彩；把握它，就可以使我们的明天变得充满希望。让我们抓住拼搏的手，与它肩并肩共创美好未来。

阳光心态助你走出逆境

　　每个人都期望自己一帆风顺，凡事都能心想事成。那些挫折、坎坷、阻碍，最好不要出现在自己人生的字典中。而事事并非总如人们所期望的那么美好，有些事，你越不希望它出现，它越是围绕在你身边，困扰着你，阻碍你那渴望前进的步伐。

　　这或许就是所谓的逆境吧。当处于这样的人生境遇时，你会有怎样的心态呢？由于个体存在差异性，因此每个人在此种境地中的反应也是不尽相同的。以消极的态度面对，在逆境中屈服、沉沦其中，从此一蹶不振；以积极的态度面对，在逆境中逆流而上、斗志昂扬、自信满满，从而走出逆境，迎来一片新的坦途。上述两种截然相反的结果出现的根本原因，就在于人的心态。

　　"一个健全的心态，比一百种智慧都更有力量！"英国著名文豪狄更斯如是说。每个人成功的机会都是均等的，但心态的好坏则直接支配并决定着最后的成与败。要学会用健康的心态和智慧改变你的一生，为你的生命增光添彩。

　　心理学专家认为：心态是一个人真正的主人。这正如一位伟人所说，"要么你去驾驭生命，要么是生命驾驭你。你的心态决定谁是坐骑，谁是骑师"。

华人首富李嘉诚是一个伟大的实业家，他以5万港元起家，以滚雪球一般的惊人速度发展壮大，直至建立起遍及亚、美、欧三个大陆的庞大的商业帝国，其举手投足已经足以影响全球。那么，他是靠什么一步步取得今天这样的成就的呢？靠的就是未雨绸缪、敢闯敢拼的经营心态，良好的心态成就了今日纵横捭阖、左右天下商势的李嘉城。

早期塑胶花的成功，坚定了李嘉城建立伟业的雄心。当然，他也不会草率摈弃塑胶业。在其后10余年间，他在塑胶领域继续处于领先地位，为他开创新事业积累了数千万港元的资金。

李嘉诚总是脚踏实地地向既定目标迈进，他不会鲁莽行事，每一个重大举措，都要经过长时间的深思熟虑、周密调查。

1958年，李嘉诚在繁盛的工业区——北角购地兴建两座12层的工业大厦。1960年，他又在新兴工业区——港岛东北角的柴湾兴建工业大厦，两座大厦的面积，共计12万平方英尺。

当时，地产业已经开始实行按揭销售，这种办法使那些没有多少资金的百姓也买得起楼，所以楼宇销售很是旺盛，而李嘉诚则选择盖楼收租以取得稳定收入。

但是，李嘉诚绝不是谨小慎微、魄力不足的人，到了资金充足、形势大好的时候，他不但敢于冒险，而且一鸣惊人，一飞冲天。

许多成功人士在事业的起步或是发展阶段，都遭遇过逆境，最后他们能够乘风破浪、直抵成功彼岸的秘诀就在于：他们在逆境中不抱怨、不消沉、不绝望，而是比别人多一分乐观、多一分自信、多一分希望。最终，雨过天晴，走出了"山重水复疑无路"的困惑，踏上了"柳暗花明又一村"的旅程。

海伦·凯勒1880年出生于亚拉巴马州北部一个叫塔斯喀姆比亚的城镇，她在1岁半的时候突患急性脑充血病，连日的高烧使她昏迷不醒。当她醒来后，眼睛被烧瞎了，耳朵烧聋了，小嘴也说不出话来，成了一位集聋、哑、盲于一身的特殊儿童。对这样的儿童要进行教育是特别困难的，但是，海伦依靠自身顽强的毅力学习盲文，靠手的触摸来体验文字的含义和别人说话的意思。她在聋人学校学习了数学、自然、法语、德语，能够用法语和德语阅读小说。1904年，海伦以优异的成绩从大学毕业，然后把自己的一生献给了盲人福利和教育事业。她21岁时，和老师合作发表了她的处女作《我生活的故事》。在之后的60多年中，她共写下了14部著作。

海伦所面临的是常人无法想象的困境，可她勇于面对现实，敢于拼搏，谱写了一曲激荡人心的生命之歌，赢得了世人的赞扬。海伦面对逆境不自卑，不低头，成为了生活的强者。

其实，人生没有逆境，只有陷入逆境的心。那些成功的人之所以成功，正是因为他们的成功之路虽坎坷崎岖，但他们的心没有逆境。面对逆境，只有始终以一种积极乐观的心态去挑战，正视自己，才能在遭遇困难和挫折时更冷静、更客观、更进取，从而摆脱心的"逆境"，进而使人生充满进取的力量。

不要用自己的逆境与别人的顺境相比，不要用自己的逆境与自己的顺境相比，不要用自己的逆境与别人的逆境相比。这样的比较除了徒增不必要的烦恼，使自己陷入无限循环的糊涂、愚昧甚至是卑微的境地之外，没有任何的积极意义，也不会扭转木已成舟的困局。

我们应该敞开心灵的窗户，让阳光照射进来，驱散心中的阴霾，走出逆境。

逆风的方向更适合飞翔

　　五月天的《倔强》里面有一句歌词：逆风的方向更适合飞翔，我不怕千万人阻挡，只怕自己投降。其实人生亦是如此，顺境和逆境相比，人们都喜欢顺境。因为在同等条件下，在顺境中向目标奋斗，如同顺水行舟，天时、地利、人和等有利因素，使人们更容易接近和实现目标。但是顺境对人的事业发展也有不利因素，这是因为顺境中的宽松氛围、优越条件，易使人自满自足，意志消退。古人说的"生于忧患，死于安乐"，就是对顺境消极作用的一种警诫。因此，身处顺境，我们绝不能躺在顺境的温床中睡大觉，高枕无忧，而应该注意培养不断进取的精神，并且要对可能出现的困难和遇到的挫折有思想准备，这样才能立于不败之地。

　　俗话说"祸兮福之所倚，福兮祸之所伏"，这是有一定的辩证道理的。我们应当用辩证唯物主义的观点来看待逆境和顺境的问题，在逆境中保持奋斗精神，坚忍不拔；在顺境中保持清醒的头脑，谦虚谨慎，锐意向上。这样，不管在任何情况下，我们都能发掘和调动积极因素，在人生道路上奋力前行。

美国一家网站曾经在对100名破产富豪采访后写了一份调查。其中颇有代表性的人物是康涅狄格州的48岁房地产富豪迈克·基塞尔，他因涉嫌一桩8000万美元的诈骗案而被监禁。迈克·基塞尔说："我的人生一直都非常顺利，父母是农场主，并且拥有一大片土地。我大学毕业后，甚至从没给别人打过工，就直接利用父母的土地做起了房地产生意。我的运气出奇得好，钞票就像长了翅膀一样往我的银行账户上飞来。不到30岁，我就拥有了一艘价值800万美元的游艇和多辆保时捷名车。随着钱越来越多，我的欲望和胆量也越来越大，终于在一次投资股票失利后，我产生了诈骗的念头，最终进了监狱。"

与迈克·基塞尔有同样经历的富豪，占破产富豪的80％以上，他们的人生经历大多十分顺畅，从来没有吃过苦的他们认为自己天生就有好运气，因此，胆量很大，完全不遵守投资的基本规则，以致一次失利便会资不抵债，无法翻身，最终走上犯罪的道路。可见，建立在顺境中的成功是多么脆弱。醒悟后的迈克·基塞尔说："顺境并不能带给你真正的成功，它只能给你增加欲望和胆量，而建立在欲望之上的胆量，就如在薄冰上行走，随时都有掉进冰窟的危险。"

宋朝学者陈正之自出生就患有一种先天性智力发展

不良症。这种症状的突出表现就是不仅记忆力差，而且有些傻头傻脑。陈正之上学的时候，别人轻轻松松地就可以学好一篇文章，而他则要费很大的劲儿才粗略地记住几个字。而且，认识的字多了，他就会张冠李戴，糊里糊涂的。一篇通俗易懂的文言诗文，别人读几遍就能倒背如流，而陈正之却要读上上百遍，尽管如此也只能结结巴巴地背出个大概来。因此，大家常常取笑和嘲弄他，并叫他"陈傻子"。

正是在如此逆境中，陈正之坚强地挺了过来。他付出了比常人更多的汗水和努力，别人睡觉了，他还在微弱的烛光下认真苦读，日复一日，年复一年。最终，陈正之博览群书，学富五车，还养成了锲而不舍的精神，成为当时著名的学士。

可见，逆境更容易让人成才，如雨果所说"没有风暴，船帆只不过是一块破布"。风暴给了船帆种种严峻的考验，才使生命的船只不再惧怕其他任何风浪。

当然，这绝不是说人只有在逆境中才能够成才，而是说身处逆境，人们才会不断地鞭策自己去克服一个又一个命运的考验，去击碎一波又一波生活中的风浪，从而有助于磨炼一个人的坚强品质，帮助他走向辉煌与成功。

纵观古今中外，如此的事例不胜枚举。例如众所周知的"发明大王"爱迪生，他在各种条件都不完备的情况下不断地进行试验，失败过上千次上万次，却从未听他说过一次放弃。最终，他成功了，给人类带来了光明。

如果一个人不甘屈于命运，坚定自己的信念，那么生活中的任何苦难都不会对他造成威胁了。这个时候，那些挫折都会为他服务，都成为使他迈向成功的推动力。

独具慧眼,敢为天下先

人们经常赞赏那些成功的人,认为他们的成功让人羡慕。其实成功者在没有成功之前跟正常人一样,只是因为他们敢于迈出第一步,走出别人从未走过的路,或者比别人更能持久地坚持,所以最终他们成功了。他们一般被人尊为第一个吃螃蟹的人,是敢为天下先的人。盲目地勇做第一人的人也并不是真正勇敢的人,那些敢为天下先的人,大都具有创新的精神。一个人踩着别人的足迹走,不会有成功,不会有壮举,只有尝试自己的想法,将想法付诸实践才能走出与众不同的路。比尔·盖茨就是一位敢为天下先的人。

盖茨认为,在当今这样一个高性能、高速度的网络系统世界里,仅仅在桌面计算机上称王是不够的,网络系统最终必将使计算机工业的重心离开桌面。

盖茨确定,经过一段时间,有线与无线网络会使计算机运作在任何地方都能用上,那时,传统的PC机就不再显得那么重要了,真正有力量的公司将是网络系统或通过网络传输的信息的拥有者。事实上,不断地研究未来，正是盖茨吸取历史教训的方法。他认识到，在一日千里的计算机业，即使在某一时期能独占鳌头，并能成长为大公司，但常常不能将其优势扩展到下一发展阶段。如IBM或DEC，都只盯住使其成名的技术，而低估了新的发展成果的巨大潜能，因而影响了公司的长久发展。盖茨下决心不让微软重演这段历史，他说："这一领域的公司经常迷失方向，但我们将不会因为缺乏对技术应用的远见而被抛在后面。"

38岁的盖茨对即将来临的新时代充满远见，他认为："信息高速公路"是自个人电脑发明以来第一个令人激动的好机会。就像20世纪80年代出现的低廉、充足的数据处理能力使计算机领域经历了一次革命一样，将来的低价格、高容量网络系统的爆炸性发展必然会从根本上改变我们在下一个10年中应用技术的方式。正如盖茨所说，"个人计算机与以往的计算机运作有着非常本质的区别，通信业中相应的进步也将创造出通过通信来进行学习、教育和从事商业活动的新途径，从而远远超越目前所能做到的一切"。

为确保微软公司能赶上下一个技术大潮，盖茨正把这一软件巨人推向"信息公路"的各个角落，其中包括用来控制计算机和用来进入网络的其他小装置的各种程序，使网络运转的软件，以及通过网络所传输的内容与服务项目。这些措施都将使微软全方位地走在世界计算机及工厂业的前面，以保持其在世界上的领先地位。

盖茨明白，一旦电脑像电视机一样普及，对软件的需要将无穷无尽。到那时，他们这些软件设计天才的前途将妙不可言。现在可以设想一下，如果盖茨没有与时俱进，没有开拓创新的精神和气概，那就不可能有他辉煌的今天。

1860年6月30日清晨，身着华丽服装的太太们在牛津大学幽静的林荫道上走下马车。许多教会人士、学者、大学生、报纸杂志的记者也纷纷踏上演讲厅的台阶，晚到的人没有地方站只能站在门外的院子里和草地上。主席台上坐着最有威望的演说家韦柏福斯大主教和以赫胥黎为首的几位学者，他们形成两个对垒，接着一场激烈的论战开始了。会场气氛紧张而热烈，不时发出哄堂大笑的声音和暴风雨般的掌声。

他们正在为动植物及人类的起源而论战。这场论战是由一本简称《物种起源》的书引发的。这本书提出的观点骇人听闻，它否定了教会一直向人们灌输的"上帝创造世界""自然界是恒定不变的"宗教学说，而提出自然界的一切动物和植物是经过长期生存竞争自然选择的结果，而且也否认了"人是上帝创造的"，生成人类是与无尾猿有共同的祖先起源的观点。这本书的作者就是英国伟大的生物学家查士·达尔文。

达尔文凭借敢为天下先的勇气出版了《物种起源》，并受到后人的敬仰。其实，成功不只是迈出第一步那么简单，还要有敢为天下先的积极品质。没有任何准备的盲目的大胆，不但不会使你成功，反而会使你一败涂地。因此，敢为天下先也是有前提条件的，只有那些善于思考、有眼光有毅力的人，先行才会无往而不胜。

1996年的时候，网络科技还不发达，人们对网络的认识还很片面。就在这样的情况下，当曾强选择在首都体育馆西侧创办全国第一家网络咖啡屋，并立志要在电子商务上干出一番事业时，招来不少人的冷嘲热讽。但他坚持自己的理想，也看到了网络兴起的趋势，因此他绝不轻言放弃。如今，网络咖啡屋不仅已发展成15家连锁咖啡屋，同时也成了国内最大的"电子商务场所"之一，而且他创办的实华开公司还参与并支持国家工商局、信息产业部、公安部等制定"网络咖啡屋"的国内规范。

曾强并没有因为眼前的成绩而沾沾自喜。2000年的时候，他在上海市中心成立了中国第一家实华开电子商务中心，同时实华开电子商务公司获得了中国工商管理局的正式批准，成为中国第一家具有电子权威的公司。3月，《电子商务的理论与实战——全球"大局观"下的中国电子商务》由中国经济出版社出版面世，立即受到广大读者的关注与喜爱，并被指定为清华大学经济

管理学院MBA硕士生电子商务课程的教材。4月，实华
开公司与欧、美、亚、非、澳等地的采购商签约数亿订
单。6月，"第三届全球电子商务论坛"是2000年中国
和国际网络业的又一次盛会。9月21日，自创办以来规
模最大、到会客商最多、成交额最大的第88届广交会圆
满落幕。出尽了风头的实华开公司带回了2亿美金的国
际买家订单。11月15日，在文莱皇家大饭店举行的亚太
经合组织APEC首脑高峰会和CEO高峰会上，曾强8分钟
的精彩演讲给与会者留下了极其难忘的印象，更为实华
开带来了无限商机。

没有敢为天下先的精神，就绝不会有曾强现在所拥有的一切。
创业需要胆识，但并不是漫无目的，只有作好了充分的准备，才能
踏步前行。人在某种时候能有前进的意志，靠的是自己信念的支
撑，而这份信念就是一种超然的淡定和掌控一切的气度。没有人能
随随便便成功，每一分成功都是自己努力向上的回报。

有时失去不是忧伤，而是一种美丽

人生在得到与失去中来回地摆动，像钟摆一样，永不停息。然而生活中更多的是一种失去，在情感上、在事业上，在诸多方面，也许我们在哀叹命运不济的同时，更多流露出的是失落、彷徨、伤感，其实失去的才是美丽的，一切都是最好的安排！

在高速行驶的列车上，一个老人不小心把刚买的新鞋从窗口掉了一只，周围的人倍感惋惜。不料，老人立即把第二只鞋也从窗口扔了下去。这一举动让人大吃一惊。老人解释说："这一只鞋无论多么昂贵，对我而言都已经没有用了。如果有谁能捡到一双鞋子，说不定他还能穿呢。"

有舍必有得，人要有宽阔的胸襟，不能只看到眼前的利益，而将自己置于被动的境地。我们都在失去，失去金钱、失去亲人、失去朋友，失去从表面上看是悲恸的，但是很多事情当去面对的时候是无法抗拒的，所以我们应该遵循自然法则，在自然而然的心境中去平和骚动的心，留下一点清凉、一份快乐。

曾经有篇这样的报道，有位记者去采访一位常年居住在偏僻山庄的年逾古稀的老人，在低矮的茅草屋旁，老人静静地坐在草坪上向记者讲叙自己以前的经历。他很小的时候就没有了父亲，那会儿大家都叫他"野孩子"，刚懂事的时候，母亲又去世了，他在这世上没有一个亲人了。

经过多年的努力，他有了自己的家庭，但是不久之后妻子又不幸染上绝症，撒手人寰，留下年纪尚小的儿子和自己相依为命。之后，一次他去山间采草药摔断了一条腿，到老的时候由于车祸又失去了儿子，所以现在孑然一身。虽然生活在偏远的山庄，但记者能感觉到这位老人说话是那样平和，像是在讲别人的故事。最后他告诉记者说，过去的一切都不是太重要，重要的是现在我还活着，每天还能见到新的阳光、山间的小溪，还有那静静的大山。每年清明的时候，他都会牵着小狗在父母、妻子、儿子的坟前，向他们讲述今天的生活，还有今天的新气象，并告诉他们说自己不会寂寞，生活得很好，不但会为他们而活得坚强，也为自己……

失去的已经失去，也许今生都无法得到，但你会得到另外的一切。没有了爱情，你还有亲情、友情，还有事业；没有了双腿，你还有你的双手，可以去耕耘幸福的领地，开拓人生美好的前景。

　　有一个年轻人很想在一切方面都比他身边的人强，尤其想成为一名大学问家。可是，许多年过去了，他的其他方面都不错，但学业却没有太大的长进。他很苦恼，就去向一位大师求教。听完他的倾诉，大师说："现在你跟我一起去登山吧，到山顶你就知道该如何做了。"

　　那座山有许多晶莹的小石头，煞是迷人。每当见到喜欢的石头，大师就让年轻人装进袋子里背着。很快，他就吃不消了。望望山顶，还遥不可及呢。于是，他就停下脚步疑惑地望着大师说："大师，我干吗背这个？再背，别说到山顶，恐怕连动也不能动了。""是呀，那该怎么办呢？"大师微微一笑，"为何不放下呢？背石头咋能登山？"大师捋了捋胡子，一脸的灿烂。

　　年轻人愣了一下，一副恍然大悟的样子，愉快地向大师道了谢便走了。从此以后，他一心做学问，进步飞快……

　　事实上，"得到"属于经历过"失去"的人，失落和补偿永远是生活天平上的两个砝码。上天对每个人都是公平的，通常在给予的时候也会取走一部分东西。它让家徒四壁的人把窗子打开，享受阳光、空气和大自然的美丽景色；让显赫富有的人家安上铁窗接受人间的郁闷。它给雄鹰无垠的天空，也给麻雀温暖的窝巢。

得失是以人类的灵魂作为支点的一根杠杆，杠杆的两端永远是相同的分量，至于它偏向哪一端，那就要看你的心所在的位置了。

有位企业家在商场上有着惊人的成就。当他在事业达到巅峰时，有一天，他陪同父亲到一家高贵的餐厅用餐，现场有一位琴艺不凡的小提琴手正在为大家演奏。

这位企业家在欣赏之余，想起了当年自己也曾学过琴并且为之痴迷，便对父亲说："如果我从前好好学琴的话，现在也许就会在这儿演奏了。"

"是呀，孩子，"他父亲回答，"不过那样的话，你现在就不会在这儿用餐了。"

人们经常会为失去的机会或成就而嗟叹，但往往忽视了现在所拥有的。如果曾经不曾失去，那么也就不会有今天的成绩。普希金曾在一首诗中写道："一切都是暂时的，一切都会消逝，让失去的变为可爱。"有时，失去不一定是忧伤，反而会成就一种美丽；失去不一定是损失，反倒是一种鞭策。只要我们抱着积极乐观的心态去面对现实，就会找到一些比失去的更可爱的东西。

学会修剪自己的欲望

老子说"罪莫大于可欲，祸莫大于不知足，咎莫大于欲得"，所以道家强调"无为而无不为"。然而，大千世界中的芸芸众生并不因此而变得无欲无求。王国维在《红楼梦评论》中说道："生活之本质何？欲而已矣。"这句话真切地道出了生活与欲望的关系，也说明了人与欲望的不可割裂性。不想当将军的士兵不是好士兵，打工仔想当老板，穷汉想当富翁，欲望激励着人们去拼搏、奋斗，所以才有那么多立志成才、艰苦创业、功成名就的英雄人物。

欲望是一柄双刃剑，恰当的、理性的、有节制的欲望会演变成追求，可以为人生注入前行的动力，提高生活的质量，提升生命的高度。反之，一味地放纵自己的欲望，任由欲望失控、泛滥，就会让自己坠入深渊。所以，驾驭好自己的欲望，为自己的欲望备一把剪子，随时修剪那扩张、蔓延、非分的欲望是非常必要的。

曼谷的西郊有一座寺院，因为地处偏远，所以平时上香的人很少，非常冷清。

寺庙原来的住持圆寂后，新来了一个叫索提那克的法师做住持。初来乍到，他绕着寺院巡视了一番，发现寺院周围的山坡上到处长着灌木。那些灌木呈原生态生长，树形恣肆而张扬，看上去随心所欲，杂乱无章。索提那克找来一把园林修剪用的剪子，时不时地去修剪一棵灌木。半年过去了，那棵灌木被修剪成一个半球形状。

僧侣们看到原来肆意丛生的树木被修理得整整齐齐，虽然看着很舒服，但是不知道索提那克为什么要这么做。但是，当他们问索提那克原因的时候，他却笑而不答。

这天，寺院来了一位不速之客。来人衣着光鲜，气宇不凡。法师接待了他。经过寒暄、让座、奉茶之后，来客说自己路过此地，汽车抛锚了，司机正在修车，他就进寺院来看看。

法师陪来客四处转了转。行走间，客人向法师请教了一个问题："人怎样才能清除掉自己多余的欲望？"索提那克法师微微一笑，折身进内室拿来那把剪子，对客人说："施主，请随我来！"

索提那克法师把来客带到寺院外的山坡。客人看到了满山的灌木，也看到了法师修剪成型的那棵半球形状的灌木。法师把剪子交给客人，说道："你只要能经常像我这样反复修剪一棵树，你的欲望就会消除。"

客人疑惑地接过剪子，走向一棵灌木，咔嚓咔嚓地剪了起来。一壶茶的工夫过去了，法师问他感觉如何。客人笑笑，说："感觉身体倒是舒展轻松了许多，可是日常堵塞心头的那些欲望好像并没有放下。"法师领首说道："刚开始都是这样的。经常修剪，就会好的。"

来客走的时候，跟法师约定他十天后再来。然而法师并不知道，来客正是曼谷最享有盛名的娱乐大亨，近来他的生意遇到了以前从未经历过的难题。

十天后，大亨来了；二十天后，大亨又来了……三个月过去了，大亨已经将那棵灌木修剪成了一只初具规模的鸟。法师问他现在是否懂得了如何消除欲望。大亨面带愧色地回答说："可能是我太愚钝，眼下每次修剪的时候，都能够气定神闲、心无挂碍。可是，从您这里离开，回到我的生活圈子之后，我所有的欲望依然像往常那样冒出来。"

法师笑而不言。当大亨所修剪的"鸟"完全成型之后，索提那克法师又问了大亨同样的问题，大亨的回答依旧。这次，法师对大亨说："施主，你知道为什么当初我建议你来修剪树木吗？我只是希望你每次修剪之前都能发现，原来剪去的部分，又会重新长出来。这就像我们的欲望，你别指望能完全消除，我们能做的，就是尽力把它修剪得更美观。放任欲望，它就会像这满坡疯长的灌木，丑恶不堪。但是，经常修剪，就能成为--

道赏心悦目的风景。对于名利，只要取之有道，用之有道，利己惠人，它就不应该被看作是心灵的枷锁。"

大亨恍然大悟。此后，随着越来越多的香客的到来，寺院周围的灌木也一棵棵被修剪成各种形状。这里香火渐盛，日益闻名。

欲望出自于人的本能，正常的欲望每个人都有，但是如果欲望扰乱了我们的心神，让我们不得安宁的时候，就是应该修剪的时候了。修剪你的欲望，从而让内心得到满足，升华生命质量，拓展生命长度。

我们必须时刻警惕不良的欲望，必须勇于自省，善于自控，让灵魂多一种主宰力量，使人生充满和谐与温馨，始终保持蓬勃的朝气。

人生就是一个等待的过程

　　生活中经常会遇到这样的情形：当你兴致勃勃地进入饭店吃饭，遇到慢吞吞的上菜速度，你只能愤然等待；当你开车经过一个繁华的街道，遇到红灯的时候，你只得无可奈何地等待；当你去购物、买票、去银行办业务的时候，前面已经排了很多人，你不得不安静地等待。生活中的这些等待通常会让人心生一种莫名的烦恼，这种烦恼中含有对他人的怨恨、对生活的急躁。很多时候，我们不是没有时间等待，不是不能继续等待，只是因为等待给我们带来了焦虑。

　　很多时候，人们认为如果没有了等待，步伐能更快一点。其实，行走只能缓解焦虑的心情，却不能更快地到达目的地，有时反而使我们离目的地更远。

　　从前，有一个年轻人性子很急，做事情总是风风火火。一天，他与女朋友约会，因为来得太早，但他又不喜欢等待，所以长吁短叹。就在这时，一个天使突然出现在他的面前，天使送给他一样东西——只要按一下按钮，就可以逃过所有的等待时间。

年轻人马上按了一下按钮，他的女朋友立即出现在他面前。他并不满足于此，他想要是现在能马上结婚就好了，于是他又按了一个按钮。他开始了自己的婚礼，和女朋友走上了红地毯。要是现在我们就有了孩子，该多好啊！于是，他的想法又实现了。

他心中的愿望一个个地超前实现。慢慢地，妻子、孩子、房子、事业都有了。可是，随着自己的理想一步步地实现，他发现自己已经是风烛残年。他一直追求快点实现自己的愿望，因此很多东西都没有享受就已经过去了。这时，他才明白，在生命中，即使等待，也有很大的意义。

等待是一种享受，是一种寄托，是一丝眷恋。人生因为有了等待，才会有思夫之妇的"过尽千帆皆不是，斜晖脉脉水悠悠"；因为等待，才会有牛郎织女的七夕相逢；因为等待，才会有悟空在五行山下获得的重生。等待是人生中前行的灯塔，是久旱后的甘霖，是获得新生的种子。等待的滋味是美的，是甜的，是酸的，也是苦的。

一位老母亲的儿子去参军了，成为了一名战士，奔赴那硝烟弥漫、马革裹尸的沙场。儿子在前线冲锋陷阵，而年迈的母亲站在儿子离去的村口，希望能看到阔别的儿子。等待是苦的，母亲的鬓角露出了银丝，眼角

长出了皱纹。母亲老了，但她仍在等待……苦尽甘来，
多年之后，一位年轻的军人来到了村口。"儿啊！娘可
想死你了！"久别重逢的喜悦，母子相聚的眼泪，诠释
了"等待"的魅力。

人生不会风平浪静，生活不会一帆风顺，任何时候都有可能出
现困境，这时候你应该学会等待，在等待中你也许会发现生活的另
外一个出口，"上帝在为你关闭一扇门时，会为你打开一扇窗"。

只要等待就有希望，而希望是生活的源泉和动力。希望到来
之前是等待，希望到来之后还是等待，因为那时又有一个新的希望
了。其实，生命就是一个等待的过程，我们的一生就是在等待中度
过的。

人生要耐得住寂寞

没有人喜欢寂寞，但每个人又不得不面对寂寞。寂寞是人生中难以摆脱的事情，如同生活中的喜怒哀乐一样，时刻伴随着我们。加之当今世界诱惑太多，所以，能否耐得住寂寞对现代人来说是一种考验。

王国维在《人间词话》里说，古今之成大事业、大学问者，必经过三种境界："昨夜西风凋碧树，独上高楼，望尽天涯路"，此第一境界也；"衣带渐宽终不悔，为伊消得人憔悴"，此第二境界也；"众里寻他千百度，蓦然回首，那人却在灯火阑珊处"，此第三境界也。由此可见，大凡成功者都是孤独而执着的。

日本近代有两位一流的剑客，一位是宫本武藏，另一位是柳生又寿郎，宫本是柳生的师父。

当年，柳生拜师学艺时，问宫本："师父，根据我的资质，要练多久才能成为一流的剑客？"

宫本答道："最少也要十年吧！"

柳生说："十年太久了，假如我加倍苦练，多久可

206

以成为一流的剑客呢？"

宫本答道："那就要二十年了。"柳生一脸狐疑，又问："假如我晚上不睡觉，夜以继日地苦练呢？"

宫本答道："那你必死无疑，根本不可能成为一流的剑客。"

柳生非常吃惊："为什么？"

"嗯。"宫本说道，"像你这样急功近利的人多半是欲速则不达。"

"好吧。"柳生这才明白自己太过心急，"我同意好啦。"

开始训练后，宫本给柳生的要求是：只要他做饭，洗碗，铺床，打扫庭院和照顾花园。不但不许谈论剑术，连剑也不准他碰一下。

三年的时光就这样过去了，柳生仍然做着这些苦役，每当他想起自己的前途，内心都不免有些凄惶、茫然。

有一天，宫本悄悄从他背后溜过去，以木剑给了他重重的一击。

第二天，正当柳生忙着煮饭的当儿，宫本再度出其不意地对他进行袭击。自此以后，无论日夜，柳生都得随时随地预防突如其来的袭击。一天二十四小时，经过不间断的练习，他终于成了全日本剑术最精湛的剑手。

"十年寒窗无人问，一举成名天下知。"柳生终于从寂寞中爆发，取得了成功。

但凡成功之人，往往都要经历一段没人支持、没人帮助的黑暗岁月，而这段时光，恰恰是沉淀自我的关键阶段。犹如黎明前的黑暗，捱过去，天也就亮了。

一个人只有耐得住寂寞，潜心苦练，才能实现人生的理想目标。那些耐得住寂寞的人，无论处于人生的巅峰还是低谷，都能够坚守自己的梦想。耐得住寂寞不一定成功，但成功的人一定耐得住寂寞。刘墉曾经说过："年轻人要过一段'潜水艇'似的生活，先短暂隐形，找寻目标，耐住寂寞，积蓄能量，日后方能毫无所惧，成功地浮出水面。"

诺贝尔多次死里逃生，废寝忘食数年，才研制成功TNT炸药；英国生物学家达尔文研究进化论，花了22年时间，才写出《物种起源》一书；法国著名物理学家居里夫人，历经12年的实验，不怕挫折失败，终于从几十吨的矿物中提取出了几克关键性物质——放射性元素镭；李时珍花了31年的时间，读了800多种书籍，写了上千万字的笔记，游历了7个省，收集了成千上万个单方，最终写成了中国医药学的辉煌巨著——《本草纲目》。

如果你想出人头地，必须先要耐得住寂寞，因为成功的辉煌就隐藏在寂寞的背后。一切光彩照人的景象背后都隐藏着无尽的寂寞，就如同划破夜空绽放的绚丽烟花，光艳动人，但昙花一现之后，留下的却是无尽的黑夜。没有寂寞的等待就不会有成功的花开。心浮气躁难成大器，心平气和才见真功。

第 7 章

只要有目标，
希望就在前方

　　不管你的人生处于何种状态，只要人生还有目标就不怕，有目标，就有了为之奋斗的不竭力量之源，就有了成功的希望，就有了奋斗的希望，也就有了拼搏的力量。有目标，人生的路就不会迷茫。

成功是逼出来的

上帝在每个人命运天平的两边，一边放着名利、权位、成功等，而在另一边则放上相同重量的代价。由此可见，人的一生顺境和逆境的数量、重量也是大体相等的。同样，一个人不可能只顺不逆，也不可能只逆不顺。从一定意义上讲，一个人成就的大小往往和经历过的坎坷、逆境成正比。世上没有免费的午餐，没有无代价的成功，没有不经逆境的智者。

庄稼扎根是为能在适合的时候更好地生长作准备。"有钱难买五月旱"，即要让庄稼经历"逆境"，否则，一切风调雨顺的话，庄稼一时可能长得很快，但若遇上大旱很可能会被干死，遇上风暴很可能会被连根拔起。你只要留心观察就会发现，最先被刮倒的树往往是大树、新树、枝叶茂密但扎根浅的树，最先被旱死的庄稼往往是处在风调雨顺中被人呵护有加的沃土中的庄稼。物质的生命如此，人的社会生命也不例外。恩格斯说，不幸是一所伟大的学校。世界上只有一种不幸比任何不幸都不幸，那就是一辈子都未遇到过不幸。

1933年，佛莱德·艾斯泰尔到米高梅电影公司首次试镜后，在场导演给出的纸上评语是"毫无演技，前额微秃，略懂跳舞"。艾斯泰尔将这张纸裱起来，挂在房间里以激励自己。后来他成了赫赫有名的电影舞星。

1952年，艾德蒙·希拉里想要攀登人类所知高达29000英尺的世界最高峰——珠穆朗玛峰。在他失败后数周，他被邀请到英国一个团体作演讲。希拉里走到讲台边，握拳指着山峰的照片并大声说："珠穆朗玛峰！你第一次打败了我，但是我将在下一次打败你，因为你不可能再变高了，而我却仍在成长中！"在1953年的5月29日，仅仅一年之后，艾德蒙·希拉里成功地成为第一位攀登珠穆朗玛峰的人。

人的一生，就像一趟旅行，沿途中有数不尽的坎坷泥泞，但也有看不完的春花秋月。如果我们的一颗心总是被灰暗的风尘覆盖，干涸了心泉、黯淡了目光、失去了生机、丧失了斗志，我们的人生岂能美好？而如果我们能保持一种健康向上的心态，即使我们身处逆境、四面楚歌，也一定会有"山重水复疑无路，柳暗花明又一村"的那一天。虽然，每个人的际遇不尽相同，但上天对每一个人都是公平的。因为窗外有土也有星，就看你能不能具备一颗坚强的心、一双智慧的眼，透过岁月的风尘寻觅到辉煌灿烂的星星。

当养殖场的女工把沙子放进牡蛎的壳内时，牡蛎觉得非常不舒服，但是又无力把沙子吐出去，所以牡蛎面临两个选择：一是抱怨，让自己的日子很不好过；另一个是想办法把这粒沙子同化，使它跟自己和平共处。于是牡蛎开始把它的精力、营养分一部分去把沙子包起来，当沙子裹上牡蛎的外衣时，牡蛎就觉得它已是自己的一部分，不再是异物了。沙子裹上的营养成分越多，牡蛎越把它当作自己的一部分，就越能心平气和地和沙子相处。

牡蛎并没有大脑，它是无脊椎动物，在演化的层次上很低级，但是连一个没有大脑的低等动物都知道要想办法去适应一个自己无法改变的环境，把一个令自己不愉快的异己，转变为可以忍受的自己的一部分，人的智能怎么会连牡蛎都不如呢？

人生总有很多不如意的事，如何包容它们，把它们同化，纳入自身体系，使自己的日子可以过下去，恐怕是现代人最需要学的一种本领。

拿破仑出生于科西嘉的一个贫困没落的贵族家庭。等他到了上学年龄的时候，他父亲把他送进了一所贵族学校。这个学校在当地很有名，学校里的学生非富即贵，而像他这样的没落贵族的孩子，只会被别人当作取笑和嘲弄的对象。但拿破仑并没有因此而自暴自弃，相反地，他在同学们的嘲笑和侮辱中度过了5年。这5年他学会的不只是在面对他人的轻视时的一种坚持，而且还学会了面对自己，发现自己的不足，并努力改正。他暗地里发誓一定要做给他们看看，他确实要比他们优秀。

他一直在学校里拼命地表现自己。第一次军事征召的时候他就去应征了，但由于性格问题，他没有得到自己想要的那个职位，因为贫穷他还失去了很多靠努力争取而来的职位。于是，他改变方针，用埋首读书的方法努力和别人竞争。他并不是读一些没有意义的书，而是为将来实现自己的理想作准备。他下定决心要让全天下的人都知道自己的才华。他住在一个既小又闷的房间内。在这里，他面无血色，孤寂、沉闷，但是他一直坚持着。

几年过去了，此时的拿破仑从读书方面所摘抄下来的记录，后来印刷出来的就有400多页。不仅如此，他在数学方面的能力也有了很大的提高，这为他进一步表现自己打下了坚实的基础。他的长官见他很有学问，便派他在操练场上做一些工作。他把工作做得极好，于是他获得了新的机会，开始走上有权势的道路。

拿破仑虽然家境不好，但他清楚地认识到只有逼一逼自己才能克服眼前的困难，才能出人头地。

以前没有逼自己不代表现在、以后不去逼自己，当你逼自己的时候你不想成功都难，所以从现在开始就要逼自己，不管什么事都要认认真真做好，不管什么你不去尝试永远不知道你可以！

任何时候，都不要放弃学习

著名歌唱家郭兰英向著名书法家李苦禅请教："什么字最难写？"李老回答："一字最难写。"沉思，方解其中的奥秘。要写好任何一个字，总离不开"一"字。任何伟大的事业都存在于普通的简单的一件小事中，因此成功的奥秘在于从小事做起，从简单做起，苦练基本功，打下扎实的基础。

东汉时有一少年名叫陈蕃，自命不凡，一心只想干大事业。一天，其友薛勤来访，见他独居的院内脏乱不堪，便对他说："孺子何不洒扫以待宾客？"他答道："大丈夫处世，当扫天下，安事一屋？"薛勤当即反问道："一屋不扫，何以扫天下？"陈蕃无言以对。

这说明了一个很朴实的道理：雄心壮志只能建立在踏实学习的基础上。冰冻三尺，非一日之寒。

任何事业都是从小到大，由点滴做起的；在不断总结经验、积累资金的过程中，慢慢发展起来的。千里之行，始于足下。想取得事业的成功，就应在要实现的目标与现实之间开辟一条道路，然后迈出第一步，扎扎实实地打好人生的基础，一切才会顺利发展。

一提到美国的女主持人，大家就会不由自主地想到萨维奇。人们看到了她的节目获得了金像奖，看到了她采访总统时的镇定自若，就以为她是靠天资明丽的外表才取胜的。

其实，看一看她的经历就会发现，她所有的成功都是从逆境中一点点积累起来的。最初，加入电台时，她只是在办公室里做一些端茶倒水的琐事，但她从不埋怨，只是默默学习，冷静地观察。用她自己的话说："如果必须去干艰难的事情，我就会冲上前去，因为我不能够后退。我也曾经灰心丧气过，但每当我有所懒怠时，我就会对自己说'我没有别的选择，必须继续努力'。如果我退缩的话，我就无路可走，既然选择了这一行，就得干到底，我不能回家对家人说'照顾照顾我吧'，也不能去找丈夫说'帮帮我的忙吧'，所以只有坚持下去。"

所有的成功都不会轻易获得，每个人都有一段艰难的历程，只有在最艰难的时刻，咬牙坚持，才能如愿以偿。"不积跬步，无以至千里；不积小流，无以成江海"，成功没有任何捷径，只有坚持从基础做起，在这个过程中不管遭遇什么，都做到"不抛弃，不放弃"，才能走出属于自己的人生。

　　谢里丹刚刚进入国会时，作了第一次演讲，著名记者伍德弗尔就对他下了这样一个断语："请原谅我坦率说出自己的看法，我觉得您不适合演讲，并奉劝你还是回去做你原来的职业。""不。"谢里丹手托着下巴，沉思片刻说，"我觉得我合适，以后你会看到的。"后来，谢里丹不断学习演讲技巧，纠正自己的错误，终于使自己成为了一名极富感染力的政治家。被著名的演说家福克斯称赞为众议院的一个立体的人。

　　万丈高楼平地起，千年古树靠根深。人的一生只有一步一个脚印脚踏实地地去走，任何时候都不放弃自身的成长，才终有一天能实现自己理想中的目标。

信念，支撑生命的力量

　　信念是一种心理动能，其行为上的作用在于通过士气激发人们潜在的精力、体力、智力和其他各种能力，以实现与基本需求、欲望、信仰相应的行为志向。人生不能没有信念的支撑。信念是我们的精神支柱，一旦没有了信念，人生便失去了坐标，就像在茫茫大海中行驶的船，失去了方向。

　　一场突然而来的沙漠风暴使一位旅行者迷失了前进的方向。更可怕的是，旅行者装水和干粮的背包也被风暴卷走了。他翻遍身上所有的口袋，找到了一个青青的苹果。"啊，我还有一个苹果。"旅行者惊喜地叫着。他紧握着那个苹果，独自在沙漠中寻找出路。每当干渴、饥饿、疲乏袭来的时候，他都要看一看手中的苹果，抿一抿干裂的嘴唇，陡然又会增添不少力量。一天过去了，两天过去了。第三天，旅行者终于走出了荒漠。那个他始终未曾咬过一口的青苹果，已干巴得不成样子，他却宝贝似的一直紧攥在手里。

在深深赞叹旅行者之余，人们不禁感到惊讶：一个微不足道的苹果，竟然会有如此不可思议的神奇力量。是的，这是信念的力量，这是精神的力量。信念，是成功的起点，是托起人生大厦的坚强支柱。在人生的旅途中，不可能总是一帆风顺、事遂人愿。有的人身躯可能先天不足或后天病残，但他们却能成为生活的强者，创造出常人难以创造的奇迹，这靠的就是信念。

信念的力量在于即使身处逆境，亦能帮助你扬起前进的风帆；信念的伟大在于即使遭遇不幸，亦能召唤你鼓起生活的勇气。信念，是蕴藏在心中的一团永不熄灭的火焰，是保证一生实现目标的内在驱动力。

信念是一切成功和奇迹的源泉。如果我们在做任何事之前，没能树立起一个坚定的信念，只是一味地采取消极的态度，告诉自己这也无法实现那也不可能做到，那你的一生注定一事无成。

罗杰·罗尔斯是美国纽约州历史上第一位黑人州长。他出生在纽约声名狼藉的大沙头贫民窟。这里环境肮脏，充满暴力，是偷渡者和流浪汉的聚集地。在这儿出生的孩子，耳濡目染，从小就逃学、打架、偷窃甚至吸毒，长大后很少有人能从事体面的职业。然而，罗杰·罗尔斯是个例外，他不仅考上了大学，而且还成了州长。

在记者招待会上，一位记者向他提问："是什么把你推向州长的宝座的？"面对300多名记者，罗尔斯对自己的奋斗史只字未提，只谈到了他上学时的校长——皮尔·保罗。1961年，皮尔·保罗被聘为诺必塔小学的董事兼校长。当时正是美国嬉皮士流行的时代，他走进大沙头诺必塔小学的时候，发现这儿的穷孩子比"迷惘的一代"还要无所事事。他们不与老师合作，旷课、斗殴，甚至砸烂教室的黑板。皮尔·保罗想了很多办法来引导他们，可是没有奏效。后来他发现这些孩子都很迷信，于是在他上课的时候就多了一项内容——给学生看手相。他用这个办法来鼓励学生。当罗尔斯从窗台上跳下，伸着小手走向讲台时，皮尔·保罗说："我看你修长的小拇指就知道，将来你是纽约州的州长。"当时，罗尔斯大吃一惊，因为长这么大，只有他奶奶让他振奋过一次，说他可以成为5吨重的小船的船长。这一次，皮尔·保罗先生竟说他可以成为纽约州的州长，着实出乎他的意料。他记下了这句话，并且相信了它。

从那天起，"纽约州州长"就像一面旗帜召唤着他，罗尔斯的衣服不再沾满泥土，说话时也不再夹杂污言秽语。他开始挺直腰杆走路，在以后的40多年间，他没有一天不按州长的标准要求自己。51岁那年，他终于成了州长。

在就职演讲中,罗尔斯说:"信念值多少钱?信念是不值钱的,它有时甚至是一个善意的欺骗,然而你一旦坚持下去,它就会迅速增值。"在成功之前,我们必须相信自己有能力成功。信念的力量在成功者的足迹中起着决定性的作用,要想事业有成,就必须拥有无坚不摧的信念。

信念是成功的种子,埋在我们心灵的深处。只要我们不放弃,在未来的某一天,它一定会破土而出,发芽、生长,结出我们所希望的成功,结出我们期待已久的幸福!

拨开成功路上的迷雾

一天，一个老和尚和小和尚一起外出化缘，他们在路上遇见一位非常漂亮的姑娘过不了河，老和尚二话没说就对她说："我背你过去吧。"那位姑娘允许了，老和尚就把她抱过了河。女子道过谢后，他们继续赶路。

眼看快到下午了，小和尚终于忍不住问老和尚："我们是出家人，应该不近女色吧？上午你为什么要那样做？""什么……哦，我早就把她放下了，你还抱着吗？"老和尚心平气和地回答。

天下许多人就像小和尚一样对自己昨天的遭遇耿耿于怀，而这些"放不下"会变成形形色色的雾迷住你的眼，这时千万不要让它俘虏你。因为在迷雾的后面，成功任何时候、任何地方都有可能出现。

一场马拉松比赛正在紧张地进行着，两名选手逐渐地把对手甩在后面，跑到了前面。长时间地奔跑，已经使他们的体力消耗很大，但是他们依然坚持着。当时雾很浓，几十米之外几乎看不清东西，后来渐渐地下起了小雨，给比赛又增加了一些难度。跑在最前面的那个人，虽然仍拼命地奔跑，但他却担心会被脚底下的泥水滑倒，因此他始终注视着脚下。而另外一位选手却把头昂得高高的，不管云雾有多大，他都不去理会，而是一直注视着前面的目标，他的心里不停地默念着：终点，终点，我就要到达终点了。渐渐地，两个人都支撑不住了，他们只相差几米远的距离。

终于，跑在前面的选手累倒在地上再也起不来了，而第二个人感觉就要坚持不住的时候，却猛然发现终点就在他前面几十米处，透过厚厚的迷雾，隐约可以看见终点处摆动的旗帜，一种无形的、强大的力量推动着他，他顽强地跑到了终点。

第一个人因为没有看见目标，所以在就要成功的时候终于放弃了继续努力。很多时候，我们的失败，并不仅仅在于前进道路上的艰难，而在于没有信心看到成功的目标，成功的目标是一种动力，可以促使我们继续向前进。不要让面前的雾迷住了你的眼睛，相信雾后面就是成功。

如果遇到逆境就匆忙地承认自己已经失败了，那么必然看不到迷雾后面的成功。逆境是一种特殊的磨炼，弱者会从此一蹶不振，而强者会在逆境中拼搏，寻找到新的出路，因此逆境是一个契机，它给予我们一个磨砺自己、领悟人生、重新开始生活的机会。

约翰·坦普登的高中时代是在田纳西州的温彻斯特度过的。他内心里经常梦想着有朝一日要成为一家大公司的首脑。等到从英国读完硕士回来，他立即前往纽约，正式开始追求自己的目标。他是从一家颇具规模的证券公司开始起步的，他在公司里的职务是投资咨询部办事员。

不久，朋友告诉他有一家公司正在招聘年轻上进的财务经理。这家公司的名称是"国家地理勘察公司"，负责石油勘探。约翰听说之后，便前去应征，因为他认为这家公司可让他进一步学到许多有关财务经营方面的东西，于是他就进了这家公司，一干就是四年。四年之后，虽然这家公司业务非常稳定，而且他的表现也不错，但是他觉得能学的也学得差不多了，便又开始怀念起老本行来。

于是，一咬牙，他又回到之前的那家证券公司工作，并等待机会。最后，机会终于被他等到了，一名资深职员即将退休，这个人拥有八个相当有实力的客户，欲以五千美元出让。

这对约翰来说是个相当大的赌注，五千美元相当于他的全部财产，若此举失败，他将会变得一贫如洗。

而且，这些客户定下来之后，能不能留住还是问题。最后，他一心想自立门户的雄心战胜一切，他接下了这八个客户，并且立即一一前往拜访，十分坦率而且诚挚地向他们说明自己的理想与计划，客户们皆被他的热情与直率所感动，都表示愿意留下观察一段时间，当时，约翰才28岁。

两年的岁月很快就过去了，约翰几乎每天都在为员工的薪金及管理费用而忙得焦头烂额，有时候，他连自己的薪金都拿不出来。两年期间，公司便是在这种拮据的情形下惨淡经营着，虽然如此，公司的服务品质并无降低，反而愈来愈高。熬到第三年，终于苦尽甘来，公司业务开始蒸蒸日上，客户量也显著增加，约翰自立的梦想终于在现实生活中实现了。

今天，他已经是一家投资咨询公司的总裁，拥有将近一亿美元的资产，并兼任某大型互助银行的常务董事及数家公司的董事。于是，一名17岁高中生的梦想在他40岁前便实现了！

拨开成功路上的迷雾，在那里正有辉煌和荣耀等待着你。每一个胸有大志的人都明白这个道理，所以他们会不断地前进，即使眼前出现了暂时的障碍，他们也会以乐观的心态对待。

压力是最好的动力

有一位经验丰富的老船长，当他的货轮卸货后在浩瀚的大海上返航时，突然遭遇了可怕的风暴。水手们惊慌失措，而老船长果断地命令水手们立刻打开货舱，往里面灌水。

"船长是不是疯了，往船舱里灌水只会增加船的压力，使船下沉，这不是自寻死路吗？"一个年轻的水手嘟囔着。

看着船长严厉的脸色，水手们还是照做了。随着货舱里的水位越升越高，随着船一寸一寸地下沉，依旧猛烈的狂风巨浪对船的威胁却一点一点地减少，货轮渐渐平稳了。船长望着松了一口气的水手们说："上万吨的巨轮很少有被打翻的，被打翻的常常是根基轻的小船。船在负重的时候，是最安全的；空船时，则是最危险的。"

这就是"压力效应"。那些得过且过、没有一点压力、做一天和尚撞一天钟的人，就像风暴中没有载货的船，往往一场人生的狂风巨浪便会把他们打翻。

常言道，"井无压力不出油，人无压力轻飘飘"，要干事总会有压力。有时，压力犹如泰山压顶，但会干事的人总会把压力转化成动力。对于一个成功者来说，压力越大，动力就越大。

一名剑客去拜访一位武林泰斗，请教他是如何练就非凡武艺的。武林泰斗拿出一把只有一尺来长的剑，说："多亏了它，才让我有了今天的成就。"剑客大为不解，问："别人的剑都是三尺三寸长的，而你的剑为什么只有一尺长呢？兵器谱上说，剑短一分，险增三分。拿着这么短的剑无疑是处于一种劣势，你怎么还说这把剑好呢？"

武林泰斗说："就因为在兵器上我处于劣势，所以我才会时时刻刻想到，如果与别人对阵，我会是多么危险，所以我只有勤练剑招，以剑招之长补兵器之短，这样一来，我的剑招不断进步，劣势就转化为优势了。"这位剑客听后，按照武林泰斗说的方法去练剑，后来也成了一位武林高手。

的确，优势和劣势有时候并不是绝对的。把自己放在劣势，就是给自己压力，为自己注入进取的动力。敢于把自己放在劣势的人，最终就有可能把劣势转化为优势，从而取得胜利。

人的一生都要面对逆境的考验，真正的强者能够正确地看待逆境，坦然地接受逆境，冷静地分析逆境。要善于变压力为动力，在逆境中不断充实和提高自己，一旦时机成熟，最终必然在逆境中化蛹为蝶。

压力是我们每个人都必须应对的难题，一个懂得如何缓解生活压力的人，不会让自己被压力击垮，不会让自己深陷一种痛苦与不幸中，而是将压力巧妙地转化，以获取人生的成功。

有一位赫赫有名的集团老总，在40岁以前，穷困潦倒，家徒四壁，没有人看得起他，包括他的妻子。但他只身下海，从小本生意开始，在短短的十年内，把一家手工作坊扩张成了资产达亿元的私营企业。有记者采访他："如果你出生在城市，受良好的教育，有稳定的生活环境，你现在的成就会更大。"他沉默了一会儿，说："也许可能。但我相信，如果我不是生活在农村，没有经受过那么多苦难，而像其他城市人一样有衣穿，有房住，有人看得起，我会心安理得地过下去，决不会开办家庭作坊。从这个意义上说，我要感谢生活。"

人们最出色的工作往往是在逆境中作出的，思想上的压力甚至肉体上的痛苦，都可能成为精神上的兴奋剂。美国曾对一千位富翁做了一个抽样调查，结果发现，他们大都出生于普通人的家庭，甚至有一部分少年是在黑人区里度过的。生活有时真的像魔术，会变幻出令人难以置信的结果。

当然，压力与动力是一对矛盾，并不是所有的压力都能转化成动力。压力变成动力，需要一个转化的条件，那就是压力的承受者要有承受压力的能力。若是没有这个条件，压力就只能做惯性运动了。所以，面对压力，我们要积极地改变自己、充实自己，只有这样才能正确引导各种压力，使其成为自己前进的动力。心理学家研究发现：人类在面对逆境的压力和困苦时，只有拥有坦然正视的心态，才能作出理性的分析、正确的抉择，从而引发潜力，化逆境为顺境！

> 15岁的亨利向哥哥借了0.25元美金，在报纸上刊登了一行小字广告：做事认真、勤奋苦干的少年求职。没想到，不久他就被著名的比达韦尔公司雇用了。他开始当的是服务生，薪金很少，工作繁杂、紧张，但他总是挂着一脸的微笑，对别人的工作也尽力给予帮助。
>
> 后来，亨利受到董事长的垂爱并获得资助，因开办制铁厂成为千万富翁。他的朋友钢铁大王卡内基在自传里称赞他说："亨利就是这样自动地、积极地创造机会，开拓自己的前程。"

"人最难战胜的是自己"，这话的含义是，一个人成功的最大障碍不是来自于外界，而是自身。当我们遇到逆境时，只有控制住自己，才能控制住压力，要让压力在你面前屈服，把压力当成推进人生的动力，在逆境中寻找机会。

压力，能使人在思想感情上受到多方撞击，从中感悟人生的真谛，从而自觉把握人生的走向。有一在某重要部门任职10多年的中年人，手中有点儿权，但他不以为骄，为人正直，洁身自好，人际关系也不错。他说："我能做到这样得益于当年知青上山下乡时的磨炼。当年在农村苦与累且不说，由于家庭的原因，政治上受到压抑，招工、上学全没我的分儿，在一块下乡的知青中我是最后一个回城的。我知道有今日来之不易。靠我工作的便利条件，搞点歪门邪道是很容易的，但我知道那样做的最终后果。想想当年和我们知青一块劳动的同龄人，他们大多数仍还在面朝黄土背朝天地'土里刨食'。所以，我始终能保持一种清醒和理智。其实，人要有所为，就要有所不为。该做的一定要做好，不该做的坚决不做。人要有所得，就要有所失。该失去的东西就要毫不吝啬，甚至忍痛割爱。得到的并不一定就值得庆幸，失去的也并不完全是坏事。能否从容对待、恰当处理这些问题，就看自身的修养和品德了。"

相反，人若是太幸运了，离开压力的"哺育"、悲痛的"滋养"，就会比较浅薄，导致懒于思考，不知天高地厚，也不知自己的能力究竟有多大，最终只能碌碌无为，成为坠地尘埃。

换一种思维，就会有出路

美国航空航天局在第一次将宇航员送入太空时，当航天员要写数据的时候，发现圆珠笔无法在零重力下使用。从此，美国的科学家为了解决这一问题用了10年的时间，耗资120亿美元开发了一支能在零重力下使用的圆珠笔。

俄罗斯人进入太空的时候同样遇到了零重力的问题，但是他们很容易就解决了，并没有付出太大的代价。后来，美国人请教俄罗斯人是如何解决该项难题的，俄罗斯人回答：很简单啊，我们改用铅笔了。

平日里，我们在工作、生活当中经常会遇到一些"疑难杂症"，并为此一筹莫展。通常情况下，"弱者"会选择放弃、逃避，而"强者"会想尽一切办法去攻艰，而"聪明者"会试着换一种思维另辟蹊径，到达成功的彼岸。很多时候，问题并没有那么复杂，只是因为人们思考的太多，反而将简单的问题复杂化了，就像

《我爱我家》中有句歌词唱的那样"想得太多，梦得太多，我糊涂"。其实，当遭遇困难或者挫折的时候，只要换一种思维，常常会有意想不到的效果，看似很棘手的问题，也许就能迎刃而解。

一个非常著名的公司要招聘一名业务经理，丰厚的薪水和各项福利待遇吸引了数百名求职者前来应聘，经过一番初试和复试，剩下了10名求职者。主考官对这10名求职者说："你们回去好好准备一下，一个星期之后，本公司的总裁将亲自面试你们。"

一个星期之后，10名作了准备的求职者如约而至。结果，一个其貌不扬的求职者被留用了，总裁问这名求职者："知道你为什么会被留用吗？"这名求职者老实地回答："不清楚。"总裁说："其实，你不是这10名求职者中最优秀的。他们作了充分的准备，比如时髦的服装、娴熟的面试技巧，但都不像你所作的准备这样务实。你用了一种超常规的方式，对本公司产品的市场情况及别家公司同类产品的情况作了深入的调查与分析，并提交了一份市场调查报告。你没被本公司聘用之前，就做了这么多工作，不用你又用谁呢？"

世上的事情有时就这么简单得让人难以置信，如果你墨守成规，等待你的只有失败；相反，如果你稍微动一下脑筋，对传统的思维方式进行一番创新，也许就能获得成功。

一个美国女医生在非洲援助，她的丈夫约翰准备去看她。女医生在信中告诉丈夫，这里非常寂寞，大多数援助人员都忍受不了这里的生活，所以都纷纷提前回国了。

在信中，女医生还告诉丈夫约翰，这里除了一些当地土著人，就是荒芜的土地，除此再没有什么可看。没有交流，没有娱乐，该有的这里都没有，让约翰作好充分的准备。

约翰不信，他到了目的地后才发现，当地的生活环境，比他想象的还要糟糕。他和爱人生活在荒漠中的小屋里，又不会当地土著语言，离开翻译，寸步难行。而翻译也只是在有病人时，才陪着病人出现。没有病人的时候，也就没有翻译。

这里无人对话，没有事做。走出小屋，就是光秃秃的土地。晚上到处一片漆黑，没有路灯，只有满天的星星和讨厌的蚊子。约翰这时才相信，为什么那么多人都离开了这里，原来谁也受不了这种可怕的孤寂。好在，约翰还是有准备的，他带了许多闲书供自己消磨时间。

这天，约翰从书中翻到一段，关于"换个想法，便能换来一切"的精辟论调。约翰放下书本，望着裸露的非洲大地想，这种论调真是可笑，难道这种理论在这里也能适用吗？在这里，人能发财或是经商吗？约翰摇摇头，结论是否定的。

　　"换个想法，便能换来一切。"约翰虽然否认它，但还是极力试图这么去做，因为除此之外，他无事可做。"让自己换个想法。"他这样努力着。

　　谁想，接下来，他开始有了一连串惊人的发现。首先，他发现了土著人的手工艺品。他想，这能不能运往外界贩卖？接着，他还发现这里的泥土非常特别，他想这些泥土能不能用来做陶器？紧接着，他发现这里有一种芨芨草，治疗外伤非常神奇，抹上之后，伤口就会慢慢愈合。他想，如果多抹一些，加强浓度会怎样？约翰想到这些，不由得兴奋不已。他不再觉得这片土地荒凉，也不觉得自己没有事情可做了。

　　非洲没有变，荒芜的土地没有变，土著人没有变，星星更没有变，变化的只是约翰。他的想法有了不同，一切也就随之有了不同。

　　在后来的几年里，约翰成了美国商界的大富翁。他打开了非洲市场，为非洲的发展作出了自己的贡献。许多新奇的玩意儿被他发现。

　　约翰如同我们许多人一样，他的改变不在别人和外界，而在自己内心的想法发生了巨变。

　　据世界科学协会对500例重大科学贡献的调查证明，许多科学奇迹早就存在于世。而关键的问题在于，我们固有的看法能否打破，我们的目光是否能跟随我们的想法转移。

　　调整思想认识就是转变思路、改变习惯，换一种思路海阔天
空。当我们感到困惑或尴尬时，当我们无能为力时，不要总是按规
矩、老习惯、老脑筋去办。社会发展变化了，你就要多考虑考虑，
能不能从另一个方面入手，能不能换一种思路，能不能从另一个角
度思维，能不能改变一下固有的做法。只要你这样去思考，不断调
整自己的思想，不把自己固定在一种模式里，你就有可能找到出
路，就有可能取得成功。

没有永远的失败，
只有暂时停止成功

　　人的一生不可能一帆风顺，谁都有可能遭遇挫折，很多人面对挫折，容易失去人生的自信，再也不愿意去努力，甚至断言自己就是一个失败者，自己和成功无缘。其实，并没有永远的失败，只是暂时没有成功而已。

　　闾丘露薇是《凤凰卫视》著名的战地记者。一次，她应邀去复旦大学作一场报告，这场报告吸引了近千名学子，他们当中的大多数人都即将走出校门。闾丘露薇在报告会上并没有谈太多自己的成名经历，也没有讲那些战地采访的故事，而是一再向大学生们强调两个字——归零！为此，她讲述了工作中难忘的两次经历。

　　第一次是她刚刚从复旦大学哲学系毕业，还没有进入新闻行业。一天，她看到一家会计师事务所需要一名英文翻译，于是就发了简历去应聘。对方一看她是名牌大学的毕业生，很快就通知她去面试。同丘露薇大学时期的英文水平比较好，因此对这次面试充满了信心。

笔试时，对方要求同丘露薇翻译一份会计报表。虽然她平日里也翻译些东西，但是对于这些专业性很强的词语还是比较吃力。尽管当时的笔试允许查字典，但是她根本不知道从哪里入手。

当她把翻译好的报表交到考官手上时，考官只看了几眼，就皱起了眉头。结果也就可想而知了，同丘露薇没有得到这份工作。这次失败的面试对同丘露薇的打击比较大，她开始怀疑自己的能力。直到半年后，她考进了一家国际会计师事务所。这家公司花了大量的时间对新员工进行培训，几个月下来，同丘露薇在财经专业方面的英文水平突飞猛进。这时，她才重新找回了自信。

之后不久，她进入新闻行业，刚开始时她很自信，觉得自己站在镜头前非常清秀可人。可突然有一天，她的一个上司对她说："我觉得你不适合做电视，你的雀斑，电视上看得一清二楚。"同丘露薇当时几乎懵了，她的心情沮丧到了极点，面对镜头开始变得不自信，怎么也找不到自如的感觉。

这时，一位同事说了一句让她受益终生的话："你一定要记得，在镜头前面，不要老想着自己漂不漂亮，你需要想的是，你要告诉观众什么，这才是最重要的。"同事的话让她恍然大悟。再次站在镜头前的时候，她不再想着自己的外表，而是专注于如何通过自己的内心向观众传达最有价值的信息。慢慢地，她找到了自己的风格，多次深入战地采访，并成为第一位进入阿富汗战地采访的华人女记者。

这两次经历，让间丘露薇感到，在职场中，越是难受、挫败的时刻，越需要归零。

人的一生本来就是由成功和失败相互交织组成的，成败之间的转换只在瞬息之间，看似成功与失败位于人生天平的两端，其实二者又近在咫尺。

一个年轻人，他很小的时候就有一个梦想，希望自己能够成为一名出色的赛车手。他在军队服役的时候，曾开过卡车。

退役之后，他选择到一家农场里开车。在工作之余，他仍一直坚持参加业余赛车队的技能训练。只要有机会赛车，他都会想尽一切办法参加。因为得不到好的名次，所以，他在赛车上的收入几乎等于零，这也使得他欠下一笔数目不小的债务。

那一年，他参加了威斯康星州的赛车比赛。当赛程进行到一半多的时候，他的赛车位列第三，他有很大的希望在这次比赛中获得好的名次。

突然，他前面那两辆赛车发生了相撞事故，他迅速地转动赛车的方向盘，试图避开他们，但终究因为车速太快，未能成功。结果，他撞到车道旁的墙壁上，赛车在燃烧中停了下来。当他被救出来时，手已经被烧伤，鼻子也不见了，体表伤面积达百分之四十。医生给他做了七个小时的手术之后，才将他从死神的手中拉回来。

经过这次事故，尽管他命保住了，可他的手萎缩得像鸡爪一样。医生告诉他："以后，你再也不能开车了。"

然而，他并没有因此灰心绝望。为了实现那个久远的梦想，他决心再一次为成功付出代价。他接受了一系列植皮手术，为了恢复手指的灵活性，每天他都不停地练习，用手指的残余部分去抓木条，有时疼得浑身大汗淋漓，而他仍然坚持着。他始终坚信自己的能力。在做完最后一次手术之后，他回到了农场，换用开推土机的办法，使自己的手掌重新磨出老茧，并继续练习赛车。

仅仅就在九个月之后，他又重新返回了赛场！他首先参加了一场公益性的赛车比赛，但没有获胜，因为他的车在中途意外地熄了火。不过，在随后的一次全程200英里的汽车比赛中，他取得了第二名的成绩。

又过了两个月，仍是在上次发生事故的那个赛场上，他满怀信心地驾车驶入赛场。经过一番激烈的角逐，他最终赢得了250英里比赛的冠军。

他，就是美国颇具传奇色彩的伟大赛车手——吉米·哈里波斯。

有人说，人生就是一个不断尝试和修整的过程，也是一个不断寻找自己最佳成功点的过程，这其中难免会有一些波折。但是，你一定要明确这样的信念：在一个真正追求成功的人的字典中，并没有"失败"二字。只要你勇敢地追求，不断地提升，你同样会拥有梦寐以求的成功！

人生的每一次挫折和失败都是命运为了成功而安排的，没有人会无缘无故地成功，也没有人会永远接受失败的考验。有人在失败中放弃了梦想，有人在困难中坚持了理想。成功不会眷顾中途退场的人，失败也不会留恋有恒心的人。只要坚持理想，最终我们会发现，其实失败只是暂时未成功。

靠天靠地不如靠自己

　　一个人整天抱怨生活对他不公平，抱怨自己的才能不被人赏识，终于这件事让上帝知道了。上帝来到这个人的身边，捡起地上的一颗石子扔到了石堆里，说如果石子就是你，把自己找出来。那人找了好久也没找到。上帝又往石堆里扔了块金子，说如果金子就是你，你把自己找出来。结果当然是，那人一眼就认出了代表自己的金子。

　　其实，做石子还是做金子，选择权在我们自己手中。每个人都要正确认识自身，在石子堆里，金子很容易被发现，要让别人发现自己，就要努力把自己变成金子。

　　某人在屋檐下躲雨，看见观音正撑伞走过。这人说："观音菩萨，普度一下众生吧，带我一段如何？"观音说："我在雨里，你在檐下，而檐下无雨，你不需要我度。"这人立刻跳出檐下，站在雨中："现在我也在雨中了，该度我了吧？"观音说："你在雨中，我也在雨中，我不被淋，因为有伞；你被雨淋，因为无伞。所以不是我度自己，而是伞度我。你要想度，不必找我，请自找伞去。"说完便走了。

第二天，这人遇到了难事，便去寺庙里求观音。走进庙里，才发现观音的像前也有一个人在拜，那个人长得和观音一模一样，丝毫不差。这人问："你是观音吗？"那人答道："我正是观音。"这人又问："那你为何还拜自己？"观音笑道："我也遇到了难事，但我知道，求人不如求己。"

这做事向我们说明一个道理：人生的路要靠自己走，成功要靠自己去争取。天助自助者，成功者自救。

正如国际歌所唱，从来就没有救世主，全靠自己救自己。陷入逆境后，外援固然很重要，但是外部条件往往也需要通过自己的努力去创造。只有尽力把后来的事情做好，才能使失去的得到补偿；只有更严格地加强自我磨炼，提升自己的优势，才有望走出逆境。沉浸在低迷的情绪中，怀旧、忧郁、悲伤、愤恨，只能雪上加霜。如果陷入逆境有重要的主观原因，更应深刻反思，找出自己的薄弱环节，痛下决心，刻苦磨炼，以求在扬长的同时重点攻短。虽说天无绝人之路，如果自己的基本功不过硬，即使再上了路，也未必能抓住瞬息万变的机遇，跟上时代的步伐。

詹姆士·杨原是新墨西哥州高原上经营果园的果农。每年，他都把成箱的苹果以邮递的方式零售给顾客。一年冬天，新墨西哥州高原下了一场罕见的大冰雹，眼看着一个个色彩鲜艳的大苹果变得疤痕累累，詹姆士心痛极了。

"冒退货的危险呢，还是干脆退还定金？"他越想越懊恼，歇斯底里地抓起受伤的苹果就拼命地咬。忽然，他的动作停住了，他发觉这苹果比以往更甜、更脆、汁多、味美，但外表的确难看。

第二天，他开始实施自己的想法。他把苹果装好箱，并在每一个箱子里附上一张纸条，上面这样写着："这次奉上的苹果，表皮上虽然有点伤，但请不要介意，那是冰雹造成的伤痕，是真正的高原上生产的证据。在高原，气温往往骤降，因此苹果的肉质较平时结实，而且还产生了一种风味独特的果糖。"

在好奇心的驱使下，顾客们都迫不及待地拿起苹果，想尝尝味道："嗯，好极了！高原苹果的味道原来是这样的！"大家交口称赞。这一奇妙的创意不仅挽救了陷入绝境的詹姆士，还为他赢得了大量专为此种苹果而来的订单。

人生的逆境无处不在，关键是对待逆境的心态。拿破仑·希尔说：人与人之间往往只有很小的差别，这很小的差别往往导致了很

大的差距，很小的差别就是心态的积极与否，很大的差距就是成功
与失败。要克服逆境的心魔，关键还在于自己。